创意组合盆栽设计与制作

雷 俊◎著

重庆出版集团  重庆出版社

图书在版编目（CIP）数据

创意组合盆栽设计与制作 / 雷俊著 . -- 重庆 : 重庆出版社 , 2024.1
　　ISBN 978-7-229-18409-4

　　Ⅰ . ①创… Ⅱ . ①雷… Ⅲ . ①盆栽 – 观赏园艺 Ⅳ . ① S68

中国国家版本馆 CIP 数据核字 (2024) 第 040753 号

创意组合盆栽设计与制作
CHUANGYI ZUHE PENZAI SHEJI YU ZHIZUO

雷 俊 著

责任编辑：袁婷婷
责任校对：何建云
装帧设计：优盛文化

重庆出版集团
重庆出版社　出版

重庆市南岸区南滨路 162 号 1 幢　邮编：400061　http://www.cqph.com
河北万卷印刷有限公司印刷
重庆出版集团图书发行有限公司发行
E-MAIL: fxchu@cqph.com　邮购电话：023-61520646
全国新华书店经销

开本：710mm×1000mm　1/16　印张：17　字数：234 千
2024 年 7 月第 1 版　2024 年 7 月第 1 次印刷
ISBN 978-7-229-18409-4

定价：98.00 元

如有印装质量问题，请向本集团图书发行有限公司调换：023-61520417

前 言

　　组合盆栽是现阶段比较流行的一种植物盆栽形式，融合了插花艺术、花卉栽培艺术以及园林景观设计，基于一定原则对多种观赏性植物进行搭配组合，营造嗅觉视觉互补、虚实结合的多功能、多维度浓缩型室内花园，切实提升植物的观赏价值，同时充分发挥花卉产品的香化、美化及保健功能，有助于促进花卉产业的高质量发展。为此，本书的创作围绕创意花艺组合盆栽设计创新与制作进行深入的研究与探索，文字通俗易懂，图片精致美观（在此特别感谢广州卉海园艺有限公司为本书提供图片），有较强的实用性，具有一定的理论意义和实践价值。基于此，笔者在本书创作过程中，将其分为理论篇和制作篇两大部分内容，理论篇和制作篇分别包括四章内容。

　　第一章主要阐述了组合盆栽的基本理论，从组合盆栽起源、组合盆栽概念、组合盆栽时代风格演变三个角度对组合盆栽理论进行了详细论述，并对组合盆栽的整体性原则和制作流程、种植植物组合盆栽的要点及注意事项进行了论述，为组合盆栽的设计与制作打下良好的理论基础，以促进组合盆栽的可持续发展。

　　第二章主要阐述了组合盆栽技艺，从基本元素与原则、植栽搭配及选择、装饰配件选择、设计要素以及设计手法五个方面，对组合盆栽技艺作出了全方位、多角度的阐述，以促进组合盆栽技艺的持续性提升。

　　第三章主要从七个角度入手，即光照、水分、栽培介质、施肥、病虫害防治、修剪、组合盆栽养护管理实例，分别论述如何科学合理地养护组合盆栽，并介绍组合盆栽制作的重点和流程。

第四章主要从四个角度进行论述，即盆栽容器选择的原则、盆栽容器的材质选择、盆栽容器的外形选择、盆栽容器的大小和深浅选择，阐述组合盆栽如何选择合适的盆栽容器，旨在为组合盆栽观赏性的提升提供强有力的支撑。

第五章主要从七个不同的场所入手，即庭院、阳台、浴室、窗台、厨房、办公室、客厅、别墅庭园、别墅室内，论述了如何为这些场所设计组合盆栽。

第六章主要探讨春夏秋冬四个季节组合盆栽的设计，使组合盆栽的设计能够更加突出季节特征，更好地迎合季节之间的更替变化。

第七章主要从四个层面入手，即对光照的要求、对水分的要求、对基质的要求、对温度的要求，研究如何根据植物习性做好组合盆栽的设计工作。

第八章主要论述了几种商业用途的组合盆栽创新设计，分别为店铺、婚礼、商场，以提升组合盆栽的价值感。

鉴于编著者水平有限，书中难免存在一些疏漏，敬请各位同行及专家学者予以斧正。

目 录

理论篇

第一章 组合盆栽概述

第一节 组合盆栽起源

用容器栽培观赏植物的行为最早能追溯到古埃及、古希腊以及古罗马时代，那时的人们就已经开始尝试使用陶制的土盆钵种植黄杨、桃金娘等芳香植物。根据可查的历史文献，12世纪至14世纪，英国的宫殿以及一些宗教场所多有容器盆栽装点。15世纪之后，南欧地区受到意大利的影响，各式各样设计精巧的花园开始出现，此时的设计者尝试用各类材料，如石、铜制成容器栽种植物，而欧洲北部气候偏冷的国家也开始使用木箱、金属桶等容器栽种柑橘类植物。

19世纪以来，伴随着社会科技水平和居民整体审美水平的提高，更多材质的容器以及盆器造型开始出现，人们开始尝试将盆栽摆放在阳台、前厅、花园以及草坪。而随着城市化进程的加快，人们居住的条件越来越都市化，在城市居住的人们能够自由支配的空间越来越少，传统的、乡村庭院式的大盆器培植花草的方式已经不适应城市的生活方式，人们开始尝试在自家的阳台、屋顶、露台、客厅等空间种植花草，由于空间的限制，占地较小的盆器开始被青睐。同时，城市的空间中多为石板或水泥地面，能够用来种植大株植物的土壤较少，高楼大厦以及公共建筑物的周边，都不得不使用容器或者花槽培植花草，以提高城市的绿化率。由此，容器栽培以及组合盆栽的应用变得愈加普遍且重要。

多种盆栽组合应用的方式在欧美、日本早已出现，如"花艺盆栽""迷你花园""艺术盆栽"。而在中国大陆，最早应是由台资企业引入华南地区，主要的销售时段在年宵期间。而把这种栽培应用形式推向市场焦点并稳步发展的，一个标志性的活动就是2006年11月，由刚刚成立不久的盆栽植物分会在广州花卉博览园举办的首届中国组合盆栽大赛培训班及首届国际组合盆栽大师演绎会。演绎会邀请了国内外6位知名组合盆栽大师现场制作表演，来自全国十几个城市的近50名学员参加培训。当年的6位大师，分别来自日本、中国台湾和中国大陆，其中中国大陆的两位是林声春、廉兵，而他们也是2018年首届"中国杯"组合盆栽大赛组织的核心骨干和专家。大赛不仅有消费展示的功能，还是生产者与消费者之间交流的平台。消费者找到喜爱的商品，产生购物欲望，而生产者找到消费的需求，开发适合的产品。比赛的形式还很容易引起除专业媒体以外的大众传媒的关注，引起消费者及零售行业关注，产生社会影响。

组合盆栽一般是将两种以上不同的花卉植物搭配组合后栽培在同一个容器内，以展现不同植物的观赏特色。组合盆栽的兴起改变了传统盆栽概念，为传统盆栽的发展注入了新的活力，具有很大的研究、推广和应用价值。在我国，组合盆栽最早被称作"盆花艺栽"，即把若干种独立的植物栽种在一起，使它们成为一个整体，以欣赏它们的群体美，使之以一种崭新的面貌呈现在人们面前。盆花艺栽这一概念强调组合盆栽设计的艺术性。

第二节　组合盆栽概念

一、组合盆栽的含义

组合盆栽，顾名思义就是组合起来配植在一起的盆栽植物。在国外也被称作"迷你花园"。形象地说，组合盆栽的观赏效果可以类比成一个放置在室内的迷你花园。组合盆栽既是有生命的艺术品，又兼具插花花艺作品的装饰作用，能够美化家庭居室，活跃气氛，使人身心愉快。并且，植物生命力强，有着吸收有害气体、净化空气、制造氧气等功能，也能展现植物的生长过程，延长观赏寿命期限，其魅力远远超过插花作品。

组合盆栽作品，是设计者根据自身对植物生命与美的领悟，将同一种或多种盆栽植物，运用配植、衬托、互显、对比、平衡等技术手段，巧妙发挥植物本身的配植技术，集中种植于同一种容器内，将植物蓬勃的生命力经设计转化为优美的景观呈现出来。创作搭配组合盆栽作品，不仅能创造丰富内涵、表达情感、传达情感，还富有园艺栽培的乐趣。

作为艺术的一门分支，组合盆栽技艺与插花艺术一样，都是创作者对植物特有色彩、韵律的巧妙运用，加之艺术层面上的构思、加工、成形，最终将植物的形态、色泽的美感、线条的变化、层次的演变以及植物本身的活力展现出来（图1-1）。如果说插花艺术旨在表现植物生命片段的美丽，那么，通过组合盆栽的演绎，人们可以全面欣赏组合盆栽艺术构图中植物生长的过程。这不仅是组合盆栽与插花艺术的区别所在，也是组合盆栽特有的魅力之处。

图 1-1　组合盆栽

二、组合盆栽的类型

（一）根据栽培容器划分

1. 碟上庭院

顾名思义，就是使用各种平口的盘子、浅盘子、茶杯等器皿作为容器，在其中种植物，并运用庭院景观设计的各种技巧和基本原则，打造微型庭院式复合盆景。碟上庭院可以由生活中的各种容器制成，体积小，节省空间。由于大多数盘子都很小，没有排水口，因此在生产过程中应选择生长速度较慢的植物材料，如常春藤、水果芋头、腰果、袖珍椰子和多汁植物。

2. 槽中庭院

槽中庭院是使用种植箱和种植罐作为容器种植植物，并通过装饰和艺术创造的微型庭院，这类容器大多放置在窗台、阳台、露台或庭院里。它们是现代城市住宅或用于花卉种植和室内外景观美化的公寓的良好选择。植物材料的选择非常灵活，可根据具体环境条件和设计者的偏好确定。

3. 碗中庭院

使用花盆和花瓶作为容器来制作的复合型盆栽植物。花盆和花瓶是最传统的组合盆景容器，其形状和材料多种多样，被广泛应用于家庭园艺中。

4. 玻璃温室

玻璃温室使用玻璃容器或透明塑料容器种植植物（图1-2），如蕨类植物、竹芋头、小菠萝、卷柏等，用于直观地展示迷你花园景观。根据不同的形状，玻璃温室一般可以分为两种类型：瓶式以及鱼缸式。

图1-2　玻璃温室组合盆栽

（二）根据观赏方式划分

1. 台面庭院

组合盆栽被放置在桌面、楼梯、走廊等处，作为绿色装饰。可选用中小型组合盆景，摆放在桌子、窗台等台面上，既能美化空间，增加生活情趣，又能改善室内环境。

2. 空中庭院

所谓空中庭院，就是在容器中种植藤蔓和其他植物，使它们的花朵或叶子向下生长，并将它们悬挂在空中欣赏，形成夺目的景观。空中庭院的应用形式灵活，可以合理利用垂直空间，形成多角度观看的微型庭院景观。空中庭院常用的植物材料包括吊兰、常春藤、绿菠萝、干花、垂矮牵牛等。

3. 壁挂植物画

壁挂组合盆栽占用地面面积较小，布局灵活，特别适合小空间的立体绿化装饰。制作壁挂植物时，常使用相框、半圆形壁盆、壁篮和其他容器将植物固定在墙上，如报春花、倒金钟、芦笋等。

4. 微型庭院

各种植物以艺术的方式种植在大型种植容器中，并用适当的配件进行装饰，如木头、石头、玩具鸟和动物，以形成类似庭院的小型植物群落，即微型庭院。

5. 立体庭院

利用框架放置或悬挂组合盆景，形成立体组合盆景，不仅可以节省空间，还可以提高盆景的观赏价值。

6. 礼品盆花

所谓礼品盆花，是指将盆花作为礼品出售。礼品盆花观看效果好，干净卫生，携带方便，观赏时间长。结合室内装饰和个人品位，经过色彩搭配和适当包装，各种具有吉祥意义的植物可以成为适合现场的礼品设计。礼品盆花的主要销售产品有蝴蝶兰、红掌、佛手柑等。为了提高礼品盆花的经济价值和观赏价值，通常以组合盆花的形式销售（图1-3）。

图1-3　礼品盆花

（三）根据植物材料划分

1. 观叶植物组合盆栽

以观叶植物为主，重点突出植物体量、叶形、色彩和质感的协调与变化，如常春藤、彩叶草、文竹、袖珍椰子等。

2. 观花植物组合盆栽

制作观花植物组合盆栽，要根据对观赏期的要求选择植物。需长期观赏的一般选择花色丰富、花期较长的植物种类，球根花卉和宿根花卉是良好的选择，但大多数植物在花期过后容易出现衰老现象，从而影响整体效果，应及时更换植物材料。短期观赏的，只需根据美观和艺术方面的要求选择植物材料即可。

3. 观果植物组合盆栽

制作观果植物组合盆栽，一般选择秋后果实累累、色泽鲜艳的植物种类，如胡颓子、石榴、金橘等。

4. 多肉植物组合盆栽

多肉植物也叫肉质植物、多浆植物、多肉花卉，其形态特别，养护容易，如仙人掌科、垂盆草、石莲花等。利用多肉植物组合造景能够形成别具特色的植物景观。

5. 水生植物组合盆栽

水生植物组合盆栽宜选择喜水湿或水生植物，如水仙、千屈菜、黄菖蒲等，可选择较大体量的容器，如盆、桶等，以表现自然界中的水景植物景观；也可选择玻璃容器，以创造晶莹剔透的观赏效果。

6. 其他特殊的组合盆栽

（1）香草植物组合盆栽。香草植物也叫芳香植物，是花、种子、枝干、叶子、根等用于药物、料理、香料、杀菌、杀虫等利于人类的所有带有香味草本植物的总称。香草植物盆栽不仅能美化居室环境，其散发的香气还能起到杀菌、驱虫、调节中枢神经等作用，甚至可以作为天然的调味料。但是大多数香草植物观赏性不高，用于盆栽中很难体现其观赏价值，因此需要和其他花色艳丽、花型美观的观赏花卉或者多肉植物等组合栽培，在色、香、形等方面取得良好的效果。

（2）园艺作物组合盆栽。园艺作物和观赏植物一样，具有形态美、色彩美、香味美。它可以使窗台、阳台等狭小的空间变身菜园、果园、厨用园，在美化居室环境的同时还具有生态效益，为家庭提供新鲜果蔬。常用的盆栽园艺作物有黄瓜、番茄、辣椒、香葱、大蒜、薄荷、葡萄、柑橘、山楂、苹果等。

（3）野趣植物组合盆栽。可以利用一些具有野趣的植物材料，种植在特殊的容器中，创造出古朴或乡野趣味的组合盆栽。一截中空的木头，一块带洞的石头，甚至残破的陶罐，随心地搭配几株野草野花，都能创造出别具情趣的组合盆栽。

此外，根据栽培基质的不同，组合盆栽可分为苔球盆栽和砂画艺术盆栽。前者是把一种或几种植物从栽培容器中取出，整理成一定形状，用青苔、水草等把其盆土外围包裹起来，放入特定的容器中进行欣赏，类似于和风盆景。后者是用彩色的砂土作为基质，在透明容器中绘制色彩缤纷的图案，栽培基质和植物本身共同构成欣赏的主体；根据观赏季节不同，选择当季植物，分别以春、夏、秋、冬的景观特色为主题，进行组合盆栽设计，如春花、夏叶、秋果、冬枝等。

三、组合盆栽应用方式

组合盆栽应用前景十分广阔，它不仅可应用于家居美化、公共空间环境营造、会场布置、办公室绿化等，也可作为商场、橱窗设计乃至社交应用以及馈赠佳品。

（一）容器花园

阳台上或者庭院中以一组植物或多组盆栽组合的方式构建出院落景致，是组合盆栽最常见的应用方式，常用在空间较充裕的地方。

容器花园并不是一组植物的简单搭配或者几组盆栽的简单集合。它的设计和应用，不仅要注重容器与植物的搭配、植物与植物的搭配、容器与容器的搭配，还要注重容器与环境、植物与环境的搭配。

（二）有生命的艺术品

在空间不足时，可选用小型组合盆栽作为居家绿饰（图1-4），摆放在适宜植物生长的任何空间；也可与创意盆器相结合，开发成魔法植物，以增添种植乐趣；还可利用废弃物品自己动手设计成趣味盆栽以供观赏；或者制作成特色礼品以赠亲友。

图1-4　小型组合盆栽

四、组合盆栽创意设计

（一）与插花艺术相结合

组合盆栽在设计手法上类似于插花艺术，其在色彩搭配、构图形式等方面与插花艺术十分相似。在色彩上，可以采用类似色组合，高雅朴素，也可采用对比色组合，给人强烈的视觉冲击力。与插花艺术相比，组合盆栽具有更持久的生命力。近年来，开始流行盆艺插花，即将盆栽植物和鲜花艺术组合在一起，进行室内布置的一种植物装饰艺术。常用体量较小的室内观赏植物作为材料。这种做法既可以使盆栽具有一定的持久性，又能弥补组合盆栽尤其是观叶植物组合盆栽在色彩、体量、形式等方面的不足，提升组合盆栽的观赏性和艺术性。

（二）与盆景艺术相结合

盆景艺术是用盆景塑造形象，具体反映自然景观、社会生活，表现作者思想感情的一种社会意识形态。盆景艺术和组合盆栽在材料、空间和时间上具有一致性。两者都选用活的植物作为材料，都具有空间感，都会随着时间的变化而变化。不同的是盆景艺术强调植物本身的造型，通过植物本身的形态、疏密等展现空间感，十分抽象，它注重的是意境美；而组合盆栽强调各种植物组合设计之后的整体美，通过不同植株之间的高低变化、体量对比、前后错落等表现空间。相对于盆景艺术，组合盆栽对艺术的表达更自由随意。

（三）与绘画艺术相结合

组合盆栽与绘画艺术有着相当密切的关系。与绘画艺术一样，组合盆栽也可通过线条、色彩等手段创造形象。所不同的是，绘画是以颜料、砂等无生命的材料作为创作载体，而组合盆栽的创作载体是有生命的植物材料。如近年来在日本流行的织锦花园，就是以多肉植物作为载体，绘制图案丰富的大型织锦毛毯式花园。而砂画艺术盆栽则是将砂画艺术应用到组合盆栽基质的设计中，使基质成为观赏的一部分。

（四）与诗词艺术相结合

优秀的组合盆栽不仅要具有一定的观赏价值，还应具有一定的文化内涵。诗词是高度凝练的、极具韵律感的语言。可以借助诗词表达组合盆栽的主题，起到画龙点睛的作用；也可以用组合盆栽创建一定的场景，以表达诗词中的意境，使组合盆栽具有诗情画意。

（五）与园林艺术相结合

组合盆栽是一种特殊的园林艺术。与传统园林艺术相比，组合盆栽用较少的植物，在较小的空间内展现出植物群落的自然之美，表达人们对自然的喜爱和追求。园林艺术的设计手法，也可以运用到组合盆栽设计之中。"微缩庭院"这种组合盆栽形式就是园林艺术在组合盆栽中运用的实例。

第三节　组合盆栽时代风格演变

现代大都市环境中，因缺乏绿化空间，采用花盆、花槽、吊钵和壁饰等容器，将植物种植于窗台、屋顶、台基、中庭或者走廊等室内和室外狭小空间内，已经成为环境绿化和美化的终极选择。为避免容器栽培单调，可以通过组合搭配、丰富栽培在容器内观赏植物的类型，让组合盆栽具有观赏意义。

当代组合盆栽是指以弘扬和发展盆栽观赏植物的优点为标杆，把一株或多株盆栽植物在植栽和容器美感相结合的前提下，为植物健康成长提供条件而经过组合设计所创作出来的作品（图1-5）。

　　这类作品就是充分地把盆栽植物的长处展现出来，短处掩盖起来，使之可与那些以切花为主要形式的花艺设计相区别，并成为观赏寿命更长的特色商品。

图1-5　组合盆栽

第四节　组合盆栽的整体性原则和制作流程

　　花卉组合盆栽，是通过艺术配置的手法，将几种不同种类的花卉种植在同一容器里。花卉组合盆栽通过组合设计，使观赏植物从单株的观赏植物变为与插花相似的艺术作品。但与插花相比，花卉组合盆栽除了观赏性更强外，还具有更强的生命活力和更持久、动态性的观赏效果。花卉组合盆栽可以大大提升花卉的附加价值。

一、花卉组合盆栽的整体性原则

（一）花卉生态习性要接近

组合盆栽中的花卉由于栽植在同一容器里，作为一个整体被管理，需要选择对光照、温度、水分、基质、肥料等要求相近的花卉进行组合，便于养护管理。

（二）主题突出

任何一件艺术作品要表达一定的寓意，都有一定的主题。主体植物放在最吸引眼球的地方，通过独特的花色、花形及植物姿态吸引观赏者的视线。

（三）花卉之间要有色彩对比

花卉的色彩相当丰富，从花色到叶片颜色，都呈现出不同的风貌。在组合盆栽设计时，要根据植物颜色的配置确定主色调，考虑其空间色彩的协调、对比及渐层的变化，还要配合季节、场地背景及所用器皿，选择适宜的栽植材料，以达到预期的效果。

（四）整体平衡，层次分明，比例适宜

组合盆栽的结构和造型要求平衡与稳重，上下平衡，高低错落，层次感强。器皿的高矮、大小与所配置的花卉相协调。

（五）富有节奏与韵律

组合盆栽与其他艺术作品一样有节奏与韵律，不至于呆板；通过植物高低错落起伏、色彩由浓渐淡或由淡渐浓的变化，体积由大到小或由小到大的变化来产生动感，让作品产生节奏与韵律之美。

（六）空间疏密有致

组合盆栽花卉种植数量不宜过多，应根据容器的大小来确定花卉数量。在用花卉组合盆栽时，应使花卉之间保留适当的空间，以保证日后花卉长大时有充足的生长空间。同时，作品整体不宜有拥挤之感，必须有适当的空间，让欣赏者发挥自由想象的余地。

二、组合盆栽的制作流程

（一）构思创意

组合盆栽在种植前应进行构思创意，构思创意有多种途径：根据花卉品性构思、根据物体图案构思、根据环境色彩构思、根据器皿涵义构思等。

组合盆栽创意巧妙，常能达到意境深邃、耐人寻味的境地，从而给人以美的享受。

首先要确定主题品种。一个组合盆栽要用到多种花卉，突出的只有1～2种，其他材料都是用来衬托这个主题品种的。主花的颜色也奠定了整个作品的色彩基调，选择主题品种和制作目的、用途以及所摆放的位置密不可分。

植物的生长特征也是制约选择花卉品种的一个重要因素，这对作品的整体外观、养护管理等都是十分重要的。其他如容器种类、样式、大小的选择等，应与所选花卉相协调。

（二）栽培器皿及装饰品的准备

栽培器皿要求美观、有特色，艺术观赏价值高。主要有紫砂盆、瓷盆、玻璃盆器、纤维盆、木质器皿类、藤质器皿类、工艺造型盆类及通盆类等。装饰品类有很多，如小动物、小石块、小蘑菇、小灯笼、小鞭炮、树枝、松球等。

（三）栽培基质

组合盆栽所用基质既要考虑花卉的生长特性，又要考虑其所处的环境。基质要通气、排水、疏松、保水、保肥、质轻、无毒、清洁、无污染，主要有泥炭、蛭石、珍珠岩、河沙、水苔、树皮、陶粒、彩石、石米等类型。

（四）花卉的选择

根据作品创意选择花卉。花卉种类很多，有花形美观、花色艳丽、花感强烈的焦点类花卉；有生长直立、突出线条的直立类花卉；有枝叶细密、植株低矮的填充类花卉；有枝蔓柔软下垂的悬垂类花卉。

（五）盆花的组合

先对栽培基质、器皿、工具等进行消毒。将器皿垫上防水层、装饰纸（视情况而定），加少许塑料泡沫、陶粒作垫层。先放入主题花卉，调整好位置和方向，再放入其他衬托花卉，加入少量的基质进行固定。观察花卉的整体布局是否符合构思创意要求，调整好位置和方向，再填充基质，压实固定。盆面遮盖装饰材料。对花卉枝叶作适当修剪，浇透水，放在阴凉处培养。浇透水后根据作品要求配置其他小饰物（图1-6）。

图1-6 盆花搭配饰物

第五节　种植植物组合盆栽的要点及注意事项

随着组合栽培形式越来越广泛，种植时有诸多因素需要考虑，包括颜色搭配、植物生长势、植物习性、设计模式、盆器大小、养护方法、开花时间等，因此，成功的组合盆栽产品需要种植者巧妙的构思、精心的设计和一定的植物栽培知识。以下是组合盆栽种植七要素，以供花卉组合盆栽爱好者们参考。

（一）颜色搭配

颜色搭配是指颜色的选取和混色设计在同一盆器中完成，可考虑选用两种或两种以上渐变颜色的花卉组合，也可尝试选用对比性强且颜色兼容的红色、黄色、橙色等。对于颜色的搭配，种植者可借助色轮找到相近或相对应的颜色组合。此外，植物供应商和育种公司也会向种植者推荐一些受欢迎的颜色组合，不过种植者们更愿意亲自创造和发现中意的颜色组合。

（二）选择生长势相近的品种

在确定颜色搭配时，还要考虑所选颜色植物的生长势是否相匹配。无论是种植者、零售商，还是消费者，都不希望自己生产或购买的组合盆栽产品种植不久后就变成单色花篮。其实，组合盆栽花卉之所以吸引消费者，就是因为其在整个开花季节中都能保持一致的多彩色泽，甚至连特定的"造型"图案都能保持稳定不变。当然，也有不少消费者喜欢渐进开放的组合盆栽产品系列。

植物生长势常分为4级，在多数情况下，选择生长势级别相同或相近的植物进行匹配更合理，以达到错开花期的目的。选用不同品种的植物可以弥补植物生长势的差异，对于生长势较强的植物，可在组合盆栽前，采取浸泡生长调节剂的方式来降低其植物生长势，使其与其他组合盆栽的植物生长势一致，此外，也可通过选用不同大小的穴盘苗来协调相互间的生长势差异。

（三）选择植物习性兼容的品种

组合盆栽之所以吸引消费者，主要就是因为其具有灵活、多彩和造型多样的特点，这就需要种植者在组合设计的过程中要尽量选择大小合适、形状相近、冠幅一致的植物。

（四）选用有趣的设计模式

植物的排列也是组合盆栽中需要考虑的一个重要因素。通常情况下，植物生长的一致性能保证花色达到预期的外观效果，尤其是选用了同一品种的两类至三类植物和两个品种以上的混合种植盆栽产品更应该注意。在实际中，对称三角形或三角形与十字形相对应的图案设计在组合盆栽产品中最为常见。

对于直立型盆器，也可遵循吊花篮式的植物和色彩均匀分布在花篮里的排列方式，或遵循指定区域突出特定植物的组合设计模式，无论采用上述哪一种设计，都能达到令人满意的视觉效果。

（五）选择顾客满意的盆器

其实，盆器的大小随组合盆栽内容而定，尺寸的选择可根据生产成本、盆器自身价格和零售价格而定，通常"吊花篮"式盆栽采用10英寸盆器，直立型采用12英寸盆器，若客户需要更高质量和观赏性好的大盆器，那么，组合盆栽的零售价格也可相应调高。

（六）选用合适的养护方法

若组合盆栽设计时未考虑植物的养护要求，那极有可能破坏一种或多种植物在组合盆栽中的整体观赏效果，此外，还应综合考虑植物生长所需的温度、光照、水肥和土壤的 pH 值，适时调整参数，以满足各种植物的基本生长需求。通常情况下，最好不要将养护要求截然不同的植物组合种植。从植物活性的角度考虑，只要其养护要求确切，组合中也可选用较为温和的植物品种。

（七）把握植物的开花时间

要确保组合盆栽的植物在处于含苞待放的最佳状态时摆上零售货架，种植者就要掌握所选植物的确切开花时间，花期一致或重复开放的花卉品种是不错的选择。多数情况下，也可将开花迟缓的品种与开花早的品种组合种植（图 1-7），同样能达到预期的观赏效果，但需要对开花延迟品种的穴盘苗进行延长日照时间和中断夜间照明等处理。此外，最好选用大且强壮的穴盘苗进行组合种植。

图 1-7　组合种植

第二章　组合盆栽技艺

第一节　基本元素与原则

一、基本元素

组合盆栽是一门以观赏为主要功能的视觉艺术，其基本造型元素包括点、线、面等。

（一）点

"点"是造型艺术中最简单且最小的要素单位。它在组合盆栽造型设计中，具有聚焦人们视线的重要作用，"点"在不同的位置上会形成不同的视觉效果。

处于构图中心位置的"点"能够使人们的视线集中，给人们带来稳定的视觉感受。处于构图中心上方的"点"，会带动人们的视线向上移动，容易给人们带来上升的视觉感受（图2-1）。

图 2-1　"点"在构图中心上方的盆栽

处于构图中心下方的"点"会带动人们的视线向下移动，容易给人们带来一定的重量感（图 2-2）。

图 2-2　"点"在构图中心下方的盆栽

此外，点的大小、数量也会对视觉效果产生不同的影响，通过改变"点"的大小、数量便可实现运动感、方向感、流动感、平稳感、节奏感以及活跃感等多种效果的呈现。所以，"点"的表现力是组合盆栽设计中非常重要的一部分。

（二）线

在组合盆栽的设计过程中，"线"是最主要的内容，它指的是各类木本植物的枝条。"线"在组合盆栽中具有方向性，能帮助设计者更好地传达设计理念。它有粗细、曲直之分，粗而直的线条可以呈现出刚直、强壮的视觉效果；细而曲的线条可以呈现出柔和、优雅的视觉效果。

（三）面

从本质上来看，"面"是基于"点"和"线"的拓展与延伸，它有一定的形状，且可以由相应数量的花朵和枝条构成。在组合盆栽设计过程中，通过变幻花朵、枝条的组合方式便可创造出不同艺术风格的作品。

二、基本原则

作为众多视觉艺术门类中的一种，盆栽拥有其他艺术无法取代的独特艺术魅力。然而，想要设计出造型别致、自然美观的组合盆栽就需要遵循以下两方面的原则：

（一）色彩搭配原则

色彩是对人眼造成直接冲击的重要元素，它能够影响人们的情绪以及对视觉形象的审美感受。而植物中的花、叶、茎、枝等，都有着非常丰富的色彩，所以色彩搭配就成为了组合盆栽设计中需要重点关注的内容。色彩共包含三部分，分别是色相、纯度以及明度。

色相指的是各类色彩的质地、面貌等，由原色、间色以及复色构成。

作为色彩的首要特征，色相能够为区别不同的色彩提供非常准确的依据。事实上，除黑、白、灰三种颜色之外的所有色彩都具备色相。从光学角度来看，色相的差别主要由光波的长短决定，波长最长的色彩是红色，波长最短的色彩是紫色。

纯度主要指的是色彩的鲜艳程度。通常情况下，色彩的鲜艳程度主要取决于其色相发射光的单一程度。能够被人眼所辨别的具备单色光特点的色彩，往往都具备一定的鲜艳度。

明度不仅指人眼对光源、物体表面的明暗程度的感觉，还指色彩本身的明暗程度。即便是色调相同的色彩，也存在着明暗不同的可能性。比如，粉红色与绛红色中都包含红色，但粉红色较亮一些，绛红色则较暗一些。

组合盆栽的色彩搭配的基本原则主要包含以下内容：

1. 同色系搭配原则

此原则指的是色相相同的色彩之间进行搭配。在组合盆栽的设计过程中，设计者可以先选定一种植物，并以该植物的色彩作为主色调，再根据主色调选出与之色调相同但颜色深浅不同的植物来进行搭配。以月季花为例，倘若设计者将红月季花选为主调花，那么在考虑组合盆栽的色彩搭配时，便可将红郁金香、红袖等花作为辅助花，将红铁等植物作为配叶，以此来构成一件红色系的组合盆栽设计作品。这种利用同色系进行色彩搭配的作品能够给人以和谐、统一之感。

2. 对比色搭配原则

该原则指的是将在色轮上相距 180 度的两种色彩进行搭配。在组合盆栽的设计过程中，利用对比色搭配原则创作出来的作品不仅能形成强烈的视觉冲击，还能给人留下深刻的印象。比如，紫色与黄色是对比色，那么黄色玫瑰就需要搭配紫色的石斛兰或桔梗。

3. 近似色搭配原则

该原则指的是将色轮上相邻的色彩进行组合搭配。在组合盆栽设计过程中，如果将黄色的金边巴西铁作为设计的主体，就可以用橘红马蹄莲、黄色百合花、黄色文心兰、橙色非洲菊来进行搭配，这样一来，盆栽不仅看起来更加和谐、美观，还能营造出一种渐变的视觉效果。

4. 三角色搭配原则

此原则指的是用色轮上构成等边三角形的三种色彩进行搭配组合。红色、黄色与蓝色以及橙色、紫色和绿色，这两组颜色都属于三角色配色，根据这一配色原则创作出来的组合盆栽可以营造出活泼、明朗的视觉效果。

5. 多色搭配原则

此原则指的是用多种颜色进行组合搭配。在组合盆栽的设计过程中，如果仅采用单色系的植物进行搭配，对新年、节日等喜庆场合的布置来说，未免有些单调，而多色搭配的作品可以呈现出五彩缤纷的视觉效果，更能烘托喜庆的氛围。在为组合盆栽进行色彩搭配时，首先需要选定一种植物，将该植物的色相作为主色调，然后再结合主色调选择其他色彩的植物作为辅助。但在此过程中要注意作品色彩的面积比，只有做到主次分明，才能让组合盆栽设计作品更加富有活力与生机。

（二）造型原则

由于组合盆栽属于一种借助视觉形象来表现作品形式以及创作意图的艺术，所以其包含的各个设计要素之间必须做到和谐、统一且与造型设计原理相契合，只有这样才能使设计作品呈现出最佳的视觉效果。

1. 多样统一原则

在组合盆栽设计中，运用统一性原则可以使整个作品的各个构成部分在风格、形态、体量以及色彩等方面达到相似或一致状态，形成一种和谐之美。从本质上来看，尽管组合盆栽是由各种植物材料组合而成，但在制作完成之后，它们便不再是简单的一枝枝花和一片片叶子，而是一个具备整体美的结构的组合盆栽设计作品。这种作品的美不仅源于合理的空间排布与丰富的层次，还源于各部分植物的自然之美。

2. 均衡与稳定原则

均衡主要包含两种，一种是对称的均衡，另一种是不对称的均衡。其中，对称的均衡可以给观赏者带来平和、稳定的感觉；而不对称的均衡可以给观赏者带来生动、轻松的感觉。在组合盆栽的设计中，主要采用的是不对称的均衡设计形式，这种方式虽然能使作品更具自然之感，但也需要注意作品的稳定性，要让作品给人们带来视觉上的稳定感。按照自然规律，植物的生长通常是下面聚集上面松散。在组合盆栽设计中，植物的布局往往要使作品的中心聚集，周围松散。此外，盆栽色彩纯度高比纯度低的看起来重；面积大的比面积小的看起来重等，都是践行均衡与稳定这一原则时需要考虑的重要因素。

3. 联系与分割原则

组合盆栽虽然是由多种植物共同构成的，但这些植物之间并不是孤立存在的，而是彼此依存的，它们之间需要具备一定的联系，尤其是那些体积较大的创意园组合盆栽更应该注意这一点。植物之间的联系主要包含两种，一种是有形的，即通过花朵、枝条、叶片等辅助材料形成各部分之间的联系；另一种是无形的，即不以物质材料建立植物之间的沟通，而是以彼此呼应、相互衬托的方式来建立各部分之间的联系。对于大型组合盆栽而言，分割也是至关重要的，通过分割的形式可以表现出这类作品的空间感、层次感，使其具备更加深远的意境。

4. 调和与对比原则

调和指的是组合盆栽各部分之间要存在形式、质感方面的共同点，而对比则相反，对比指的是组合盆栽设计作品中存在两方面或两方面以上的差异。利用对比原则创作出来的作品富有个性与生机，能够呈现强烈的视觉效果，并给人留下深刻的印象。但也要注意一点，那就是在同一件组合盆栽作品中，不能出现过多对比，否则将会让作品看起来杂乱无章，影响美观性。

5. 比例与尺度原则

比例指的是组合盆栽中各构成植物的比例关系，即作品各部分的长、宽、高的比例关系，其中也包含部分与整体之间的比例关系。比例与尺度原则也是组合盆栽设计中不可或缺的重要原则，它能对作品的视觉效果产生直接影响，因此，设计者在创作过程中应该结合创意需求以及植物材料，对组合盆栽的比例与尺度进行综合考量。

第二节　植栽搭配及选择

在组合盆栽设计中，植栽处于主角地位，选择恰当的植栽组合是决定组合盆栽设计作品能否取得成功的重要因素。在选择植栽的过程中，应该围绕相容性、外形、大小、色彩、质感、象征性这六方面进行考虑。

一、相容性

观赏植物除了可以分为观花和观叶之外，还可以根据其对光线的需求分成室内植物与室外植物；根据其对光照强度的需求分为全日照植物、半日照植物以及耐阴植物。全日照植物指的是需要较强光照度的植物，其中包括：变叶木、天竺葵、香冠柏、凤仙、一串红、垂叶榕、五彩千年木以及各类阳生草花；半日照植物指的是需要中等光照度的植物，其中包括：发财树、大花蕙兰、蝴蝶兰以及凤梨科植物等；耐阴植物指的是需要较弱光照度的植物，其中包括粗肋草、竹芋、蕨类、袖珍椰子等。如果想让组合盆栽能够成活的时间更长一些，首先要考虑的便是植物之间的相容性。

组合盆栽的植物的相容性主要涉及以下几个方面：

（一）生长势

选择的植物应该实现生长势方面的协调，即植物的植株苗壮程度、整齐度、生长速度、分蘖或分枝的繁茂程度等方面要相似。倘若将生长势较强的植物与生长势较弱的植物种植在一起，便会出现一方势力过大而压倒另一方的情况：要么是生长势较强的一方不断生长，导致比例失调，降低整个盆栽的美观度；要么是生长势较强的植物疯狂生长，直至占据整个花盆。无论结果如何，这样的现象都是组合盆栽设计中应该规避的。因此，在设计、制作组合盆栽的过程中应该选择生长势相当的植物，使其保持同比例生长，使组合盆栽具备协调的比例、平衡的外观。

（二）生物习性

种植在同一个容器中的植物需要尽可能地选择对水分、光照、土壤的酸碱度、湿度等各方面条件都较为相似的种类。比如，天竺葵、彩叶草、凤梨等都喜光喜阳；蕨类、竹芋科、天南星科都喜阴耐湿；景天科、龙舌兰科以及仙人掌都喜光耐旱。

不同种类的植物对环境的适应性也不同。组合盆栽凭借着其自身占地面积小、轻便、灵活，便于移动等诸多优势，被人们摆放在阳台、广场、街道、树下等场所。但这些场所的光照条件往往并不相同，所以在选择植栽时，应该明确每种植栽的习性，即哪些植栽喜光、哪些植栽喜阴，哪些植栽是介于这两者之间的。通常来讲，全日照或是喜光的植物，每日的光照需要达到六个小时以上，不喜荫蔽，其中比较有代表性的便是矮牵牛。还有一部分光照植物，虽然喜爱光照，但是也要在夏季进行适当的遮阴，避免过长时间的强烈光照。这种植物只在上午或是下午的后半段时间内的光照条件下生长得最好，如天竺葵。除了光照之外，湿度也是植物相容性中的重要内容。在众多花卉植物中，大部分植物是喜温耐热的，而也有一部分是喜凉的，且只适合在春季和秋季进行种植，如金鱼草、三色堇。

虽然将这些生物习性相近的植物放在一起栽培，不仅更容易成活，还有利于后期的养护管理，但这一点也并非绝对的。[1] 出于对设计创意、需求的考量，倘若设计者在组合盆栽创作过程中同时选择了喜阳植物和喜阴植物，那么就需要让喜阳植物处于组合盆栽中较高的位置，而喜阴植物则需要选择生长缓慢、体量较小的品种，并将其置于组合盆栽中较低的位置，使其处在喜阳植物的荫蔽中，以此来兼顾喜阳植物与喜阴植物对光照的需求。倘若要将不耐涝害的植物与喜水植物组合在一起，就需要为不耐涝害的植物配备保水性较弱的基质，以此来保证植物的根部不腐烂，此外，还要通过提高浇水频率来满足喜水植物对水分的要求。

（三）相生相克

组合盆栽所选的各种植栽之间应该相辅相成，而不是彼此排斥。这也要求设计者在制作组合盆栽的过程中，要充分了解各植栽间相生相克的

---

① 佘琳芳，李红.组合盆栽的设计制作和养护管理 [J].现代园艺，2022，45（05）：184-186.

特征。植物在生长过程中会通过新陈代谢向外释放某些物质，而这些物质可能会对周围的植物产生一定的积极影响或消极影响。所以，在组合盆栽设计过程中，不能一味地从美学角度出发去进行植栽搭配与选择，还要将植栽间相生相克的特征纳入考虑范围中。

例如，木犀草与玫瑰、月季和大丽菊、茉莉和绣球分别组合在一起，便会造成一方衰败、枯萎或是两败俱伤的后果。而将玫瑰和百合种在一起，可以延长花期、相得益彰；将月季和金盏菊组合在一起，可以有效控制土壤线虫，保障月季花的茁壮生长；将芍药和牡丹种在一起，可以让牡丹变得更加鲜艳、美丽。由此可见，在充分掌握植栽的生长特性之后，再进行设计搭配，便可以呈现更理想的视觉效果。

（四）应避免选择的植物

在组合盆栽设计过程中，以下植物类型要避免出现：

（1）具备毒性或刺较多的植物；

（2）茎秆柔弱的高秆植物；

（3）散发难闻气味的植物；

（4）花期较短的观花植物；

（5）生长松散，叶色、叶型、观感较差的观叶植物。

二、外形

植物的外形是各种自然生长条件共同作用的结果，当然，其中也包含人们对植物生长所进行的各种干涉，这些都会对植物的生长方向、形态、密度等方面产生直接性影响。

在组合盆栽设计过程中，设计者要从不同的距离以及角度对植栽进行细致观察，找到其最佳的表现方式。对植栽外形的评估主要包含花形、株形、叶形以及花序、叶序等方面。

植栽的外形主要包含以下六种：

（一）向上直立形

向上直立形指的是植株向上生长的特点，如大王椰子、白玉万年青、龙血树（图2-3）。不过因为植物种类存在差异，所以有低矮、高大之分，但其未必都具备明显的茎和叶。如果要将这类外形的盆栽置于家中，可能会给人带来一定的压迫感，所以在摆放时可对其进行适当修剪。

图2-3　向上直立形植物

（二）向下悬垂形

向下悬垂形指的是植株向下生长的特点（图2-4），如螃蟹兰、常春藤、黄金葛。这种类型的植物枝条及绿叶悬垂而下，能够给人带来非常独特的视觉效果。

图2-4　向下悬垂形植物

（三）茂密丛生形

具备这种外形的植物拥有一个共同的特点，那便是同时向上方以及四周分散生长（图2-5）。具备这种外形的植物往往都是只有一到两年寿命的观叶植物与观花植物，如紫芳草、百日草、彩叶草、瓜叶菊。将几株相同高度的植物放在一起，便可以呈现出丰富的视觉效果。

图2-5　茂密丛生形植物

（四）放射簇生形

放射性的植物叶片通常是由植株的中心点向外呈放射状生长，进而形成圆柱束状（图2-6）。大多数的凤梨科植物都具备这样的外形，如大岩桐、观赏凤梨花。此外，叶片属于扁平状的簇生形植物比较适合放在可由上向下观赏的地方，这样更有利于展现植物的外形优势。

图 2-6　放射簇生形植物

（五）低矮匍匐形

匍匐形的植栽往往都有着小而浓密的叶片，并以贴近表土的方式生长扩展。有的可以适应高湿环境，有的具备一定的攀爬能力。这类植栽适合与向上直立形的植栽进行组合搭配。在组合盆栽中，低矮匍匐形植栽能够发挥遮盖裸露土壤、提升美观度的重要作用。其中比较有代表性的有马齿苋、卷柏、草莓、白网纹草等。

（六）蔓性爬藤形

通常情况下，因为具备这种外形的植栽的茎干过于柔软，所以需要在支撑物的帮助下生长。为了更好地发挥其外观优势，可将由这类植栽构成的盆栽置于屋檐、窗台等较高的地方。较常见的有软枝黄蝉、蓝雪花、九重葛等。

三、大小

除了多变的外形之外，植栽的大小与尺寸差距也是让观赏者感到新奇与惊异的重要因素。

一般而言，高度低于 20 厘米的植物属于低矮植物；高度在 20 至 40 厘米之间的植物属于中等植物；高度在 40 至 60 厘米的植物属于高秆植物。在组合盆栽中，以常春藤、垂吊矮牵牛为代表的低矮植栽得到了非常广泛的应用。这类植物不仅可以强化组合盆栽的整体深度，还可以为整个盆栽作品增添一种流畅感，是组合盆栽中至关重要的植栽类型。

四、色彩

组合盆栽的色彩搭配通常是将中型直立植物作为主景，明确作品的基础色调，再选择其他植物作为辅助。

植物的叶色包含暗、亮、彩、斑四大类；植物的花色包含红、白、蓝、绿四色系。通过植物颜色深浅的交互以及色系、斑纹的变化，便可赋予组合盆栽作品活泼亮丽的律动感以及丰富的视觉空间变化。此外，运用明暗、对比、协调等手法来进行色彩搭配，更能给观赏者带来生理、心理上的全新体验。

（一）叶色

植物的叶片颜色丰富多变，不仅不同种类的叶子颜色会出现差异，即便是同一个植物的叶子也会在光照、季节、年龄等因素的影响下呈现出不同的色彩。

以人类的视觉习惯为依据，可将植物的叶色分为彩色叶系、绿色叶系以及花叶系三类。

1. 彩色叶系

作为植物色彩搭配中的焦点，彩叶植物也可以被单独应用于植物布置。例如，橘黄色的变叶木、古铜色的相思草、桃红色的朱蕉、红色的雁来红、粉白色的合果芋"红蝴蝶"、褐色的橡皮树、银白色的银叶菊以及酒红色的蟆叶秋海棠。

2. 绿色叶系

这种叶子色系的植物往往被人们当作植栽组合搭配中的背景，在应用过程中需要结合设计需求，遵循近亮远暗的原则。绿色叶系常见的植物有白绿色的合果芋"白蝴蝶"、绿色的散尾葵、翠绿色的美丽波士顿蕨、黄绿色的心圆蔓绿绒、蓝绿的蓝羊茅以及墨绿色的金钱榕和心愿草等。

3. 花叶系

花叶系的植物在组合盆栽中主要发挥着活跃、点缀作品的作用，因此常出现在盆栽的边角处。例如，叶心花的锦叶球兰、叶边花的花叶常春藤、叶有线斑的国兰、网脉斑的网纹草、眼斑的竹芋、条斑的冷水花、横纹的虎尾兰以及斑点的洒金变叶木。

（二）花色

植物花色以斑纹和复色的变化居多，所以开花型的植物往往在组合盆栽中处于中心位置。在色彩搭配的过程中，为了突出各种色彩的特点，呈现更好的视觉效果，常用白色植物来进行分隔。倘若想要营造出温馨、和谐的感觉，可以采用同色系搭配，如粉色、浅粉、鲑鱼红、玫红；倘若想要营造出抢眼、热闹的感觉，可以采用对比色系，如红与绿、黄与紫、蓝与橙。^① 但需注意一点，对比色有着较强的对抗性，运用得当可强化视觉效果，运用不当便会让人感到俗气，从而降低整个作品的格调。

植物花色的搭配与选择应主要围绕以下两方面进行：

1. 结合布置环境

组合盆栽摆放场所的色彩与风格是选择、搭配植栽过程中必须要考虑到的重要因素。而植物的用色、选色也将关系到组合盆栽应用场所整体风格的呈现。例如，在为由原木背景和木板平台构成的自然风格的场所选择组合盆栽时，可采用绿色系的组合盆栽，以此来凸显场所的舒适与恬静。

此外，如果选用与布置环境同一色系的盆栽，会让盆栽的效果大打折扣，如应用场所的墙壁采用了红色，这时再选择红色系的花卉便无法体现出红花的娇艳。

2. 结合使用者的自身喜好

掌握使用者的色彩喜好，是组合盆栽的搭配与选择中至关重要的一部分，因为只有充分了解使用者喜欢什么色彩、什么风格的色彩搭配，才能投其所好、以花表意。

通常情况下，年轻人非常注重气质、柔和，所以在为其设计组合盆栽时，应以素净、淡雅的色彩为主，如白色、淡黄色、青绿色、粉红色；而年长者更倾向于稳重、喜庆的色彩，如灰蓝色、红色、金黄色。由于传统文化观念的影响，一部分色彩被赋予了特殊的含义，所以在没有取得使用者同意的情况下是不能轻易使用的，如白色。了解使用者的喜好是组合盆栽色彩搭配设计取得成功的关键，特别是公共空间、会场等大型环境的布置。

---

① 祁玉玲.浅析组合盆栽的创作路径 [J]. 现代园艺，2019，42（17）：167–168.

（三）各种场合下组合盆栽的色彩选择

现如今，组合盆栽已经成为了人们在节日以及各种重要场合送礼时的重要选择，下面将介绍某些特定场合下，组合盆栽色彩及植栽的选择（表2-1）。

表2-1　各种场合下组合盆栽的色彩及植栽选择

场合	色彩	观花植物	观叶植物
婚礼	粉红色系	各式兰花、仙客来、大岩桐、各式百合花、玫瑰花、满天星等	星点木、文竹、合果芋、常春藤等
生育	男：粉蓝色系 女：粉红色系	康乃馨、各式兰花、绣球花、三色堇、茉莉花等	铁线蕨、彩叶草、袖珍椰子等
开幕或就职	粉红色系	大岩桐、观赏凤梨、君子兰等	鹅掌藤、叶牡丹、星点木、巴西铁树等
新年	金色、红色	火鹤花、八仙花、荷包花、各式百合花、圣诞红等	千年木、开运竹、福禄桐、巴西铁树、黄金葛等
宴会	粉红色系	白鹤芋、海芋、火鹤花、玫瑰花、各式兰花等	彩叶芋、芭蕉、毯兰、巴西叶等
丧礼	黄色、白色	茉莉花、菊花、白鹤芋、各式白色兰花等	常春藤、黄金葛、肾蕨等
寿辰	红色	观赏凤梨、万寿菊、长寿花、火鹤花、各式百合花、观赏凤梨等	秋海棠、孔雀竹芋、常春藤、网纹草等
迎送	柔和色	各式兰花、仙客来、圣诞红、杜鹃花等	椒草、开运竹、变叶竹、黄金葛等
乔迁	粉红色系	千日红、仙客来、各式兰花、各式百合等	巴西铁树、红斑彩叶芋、袖珍椰子、马拉巴栗等
探病	粉紫色或浅色系	三色堇、长寿花、各式兰花、茉莉花等	网纹草、椒草、文竹、常春藤等
家庭布置	色彩不限	季节性花卉	肾蕨、毯兰、黄金葛等

五、质感

质感是观赏类植物非常重要的观赏特点之一，虽然它不如色彩一般艳丽、夺目，也不像外形一样被人们所熟知，但它却能为人们带来丰富的视觉感受，对组合盆栽设计作品的空间感、协调性以及情感传达、气氛烘托有着很深的影响，是组合盆栽中不可或缺的重要因素。

植物的质感指的是植物材料可见或可触的表面性质，如光滑感、粗糙感。它主要受植物自身与外界环境两方面因素的影响，其中，植物自身因素包含综合生长习性、叶片大小、枝干疏密与粗细、叶缘形状以及表面粗糙程度等；而外界环境因素则包含观赏距离、环境中其他材料的质感等。此外，植物的质感也会随着季节的更替而变化，在夏季，植物茂盛时质感相对更为细腻；而到了冬季，当植物只剩下枝条时，其质感便会显得粗糙而且单一。

通常情况下，那些叶片较小、枝干细密、叶缘规整、叶片表面比较光滑的植物，质感比较细腻，如合欢、文竹（图 2-7）；而那些叶片较大、枝干疏松而粗壮、叶缘不规整、叶片表面粗糙且多毛的植物，质感则比较粗壮，如构树。

图 2-7　文竹

　　植物的质感有较强的感染力，不同的质感会给人们带来不同的心理感受。例如，纸质或膜质的叶片，呈半透明状，可以给人带来恬静之感；粗糙多毛的叶片可以给人带来粗野之感；厚而色深的叶片，具有较强的反光能力，可以给人带来光影闪烁的视觉感受。

　　植物的质感主要包含粗质型、中质型、细质型三类，不同质感的植物有着不同的特征。

（一）粗质型

　　这种类型的植物往往有着较大的叶片以及粗壮的枝干，能够给人带来强壮、刚健的感受，适合种植在面积较大的容器中。将其与细质型植栽进行搭配能够产生强烈的视觉冲击，吸引观者的注意力，所以它在组合盆栽设计中常处于焦点位置。但在使用过程中仍需把握好尺度，以免它在盆栽的布局中喧宾夺主，影响整体效果的呈现。常见的植物有木芙蓉、棕榈、广玉兰、悬铃木、绣球、苏铁（图2-8）等。

图 2-8　苏铁

（二）中质型

这种类型的植物有着中等大小的叶片与枝干。在搭配设计过程中，经常被作为粗质型植物与细质型植物的过渡植栽。此外，它与细质型植物的搭配，能给人带来自然统一的视觉感受。常见的植物有香樟、飞燕草、丁香、桂花、石楠等。

（三）细质型

这种类型的植物有着许多较小的叶片以及柔软、纤细的枝干。由于其叶小而密，枝条纤细且不易显露，所以轮廓清晰，能给人带来文雅、细腻的感受。细质型植物具有一定的距离感，多用于狭窄、紧凑的空间设计。常见的植物有榉树、珍珠梅、馒头柳、文竹、石竹、地肤、结缕草、野牛草、金鸡菊等。

六、象征性

一件成功的组合盆栽设计作品不仅要为观者带来良好的审美体验，还应使其产生一定的情感共鸣，这也要求设计师在创作之前要对组合盆栽的象征意义进行巧妙构思。在明确了象征意义后，才能进一步确定组合盆栽的风格、造型以及色调。从某种角度来看，组合盆栽象征性的实现过程就是设计理念以及设计者自身思想情感外化的过程。

组合盆栽不仅可以从意蕴深厚、言简意赅的中国古诗词中寻找灵感，将诗句作为组合盆栽想要表达的主题和意境，如"明月松间照，清泉石上流"的闲情雅致，"长风破浪会有时，直挂云帆济沧海"的豪情壮志；还可以直接运用那些具备象征意义的植栽，来表达特定的含义，如选红掌来表现吉祥如意的喜庆，选菊花来表现独立寒秋、迎风凌霜的坚韧，选兰花来表现清幽高洁的品行。

下面将围绕组合盆栽的花语、各种花色所象征的情感进行介绍。

（一）组合盆栽的花语

从古至今，人们不仅热爱植物的自然之美，还将对植物的这份感情与道德观念、精神生活结合了起来。通过花来传达特定的思想感情，这便是"花语"。花语源于人们的日常生活，是被大众熟知、认可的一种特殊语言。在组合盆栽设计过程中，只有充分掌握花语，才能更好地利用花语表达设计理念，引起受众的共鸣。

笔者总结了一些常见的盆栽及其花语象征意义，详见表 2-2。

表 2-2　常见的盆栽花语象征意义

盆栽名称	象征意义
发财树	财源广进，恭喜发财
火炬	鸿运当头，吉星高照
迷你玫瑰	爱情的信物，表示发自内心炽热的追求
倒挂金钟	红色花瓣包在白色萼片内，表示内心的热情
开运竹	开心快乐，好运常伴
观音莲	慈祥、和善、普度众生
富贵竹	表示繁荣富强、富贵兴旺
蝴蝶兰	好似翩翩起舞的蝴蝶，代表活泼、喜悦的心情，象征着对美好事物的热切追求
幸运木	表示时来运转，好运连连
红掌	似火柔情，代表激情中的热恋
薜荔	冷傲、不甘寂寞
粉菠萝	代表纯真、可爱的童心
小红星	传达纯真不变的爱情宣言
大花蕙兰	居静而芳，洁身自爱，高贵脱俗，象征忠诚、崇高的友谊

盆栽名称	象征意义
丹尼斯	热情、豪放、魅力无限
茉莉	小家碧玉，勤劳
扶桑	热烈、力量
紫荆	喜气、团结
吉利红星	吉祥如意，鸿运祥瑞
巴拉斯白掌	一帆风顺，前途无量
文竹	叶细弱文雅，无娇艳的花朵，比喻文静的书生
牡丹	花朵硕大、艳丽，表示繁荣昌盛、富贵、吉祥
常春藤	万古长青，象征忠诚不变的友情
百合竹	百年好合，白头偕老
一品红	博爱、一片红心
星点木	似点点繁星，代表着理想与梦幻
金钱树	黄金万两，财运滚滚
白玉	清丽、典雅高贵
紫花玉扇	浪漫的情怀
团圆凤梨	象征合家团圆，美满幸福
吉利黄星	象征久别重逢，相见时的喜悦心情
香冠柏	苍劲的柏枝是冬至的象征
吊兰	忧郁、怀念
凤仙	热情、轻薄、碰不得、急躁、急切
鸡冠	雄健、丰厚
杜鹃	千丝万缕的乡思，忧国忧民的感情

续表

盆栽名称	象征意义
红枫	表示不怕困难、老当益壮的性格和热情如火
郁金香	表示宽容、博爱、胜利、美好
万年青	常青不衰，表示健康长寿或友情长存
三色堇	快乐的思念
风信子	运动、游戏、玩乐
睡莲	心地纯洁，出淤泥而不染

（二）各种花色象征的情感

在组合盆栽设计中，不同的花色象征着不同的情感，下面仅以几种常见花色所象征的情感进行介绍，详见表2-3。

表2-3　各种花色象征的情感

花色	象征情感
红色	热情、富贵、大方、活力、温暖
橙色	勇敢、成熟、温暖
黄色	公正、明朗、华贵
绿色	活泼、青春、健康、清新
蓝色	真实、冷漠、悠远
紫色	柔和、忧郁、冷艳
黑色	庄重、严肃
白色	纯洁、朴素、神圣
灰色	悲哀、清冷

第三节　装饰配件选择

一、装饰配件的作用

盆栽的装饰配件指的是房屋、人物、动物模型、小玩具、缎带、卡片等点缀盆栽的物品。它们虽然看起来体积较小，但却在组合盆栽设计中发挥着至关重要的作用。

（一）强化作品意念、修饰作用

在组合盆栽的设计过程中，结合植栽的外形、风格选择恰当的装饰配件，能够起到锦上添花、画龙点睛的作用。以图2-9中的盆栽为例，在结合了植物的外形与色彩特点后，为其增添了房屋、篱笆、石头以及头戴帽、身着长袍、留有胡须的古代诗人等配件，不仅展现了植物原本的独特韵味，还营造出了杜牧笔下"停车坐爱枫林晚，霜叶红于二月花"的诗情画意。

图 2-9　强化意念的盆栽配件

（二）丰富作品内容、增添生活气息的作用

自然环境往往离不开人类活动，在组合盆栽设计中加入与人类生活相关的配件，不仅可以更贴近人们的日常生活，还能使作品内容更加丰富，为观者带来良好的审美体验。如图 2-10 中的小动物、长椅、碎石等配件与植物浑然一体，共同构成了一个生机盎然、充满生活气息的盆栽作品。

图 2-10　富有生活气息的盆栽配件

（三）比例尺的作用

在组合盆栽中，装饰配件的出现可以起到比例尺的作用。通过配件的大小就能间接得知盆栽植物的大小（图 2-11）。

图 2-11　花猫盆栽配件

除了上述作用外，组合盆栽中的配件有时还能起到表明时代、季节，表现特定题材等作用。

二、常见的盆栽装饰配件类型

以质地为依据，可将盆栽装饰配件分为以下四类：

（一）金属质配件

这种类型的配件通常是由锡、铅等金属浇铸，并在其表面涂上相应的颜料制作而成的。金属配件的优势在于可结合设计所需，制作出形状复杂的配件，并在色彩、造型、规格方面进行随意处理。但其表面的光泽度较高，色彩往往过于鲜艳，难以与植物之间进行调和，且涂料无法长时间保留。金属配件中也包含铜质配件，这种配件在制作过程中表面无须上色，追求古朴自然的感觉，但因为制作工艺较为复杂，所以并不多见。

（二）陶瓷质配件

陶瓷配件由陶土烧制而成，主要包含上釉与不上釉两种类型，而上釉陶瓷配件又可分为五彩和单色。这种质地的配件既不怕水，又不易变色，是一种比较理想的配件。

陶瓷配件种类繁多，主要包含人物造型、动物、建筑、船只等配件。

人物造型的配件主要包含行路、读书、负书、摇扇、垂钓、吟诗、独坐、独立、骑马、卧观、对弈、对谈、提壶、吹箫、抚琴等（图2-12）。

图 2-12　人物抚琴造型配件

动物配件包含鹅、马、老虎、牛、猴子、猪、鸟、鸭子、羊、鸡等（图2-13）。

图 2-13　动物配件

　　建筑配件包含斜亭（有单、双层之分），四方亭（有单、双层之分），长方亭（有单、双层之分），六角亭（有单、双层之分），圆塔（有五、七、九层之分），方塔（有五、十层之分），石拱桥、木板桥、石板桥、月门、柴门、砖墙门、茅屋、水榭等（图 2-14）。

图 2-14　建筑配件

船只配件包含渔船、橹船、帆船、渡客船等。

（三）石质配件

石质盆栽配件主要是由青田石等材料雕刻而成的。其色彩均采用石料的原色，故多为灰褐色、淡绿色以及灰黄色。这种材质的配件种类繁多，在找不到合适的规格、造型时，甚至可以结合设计理念自行雕刻。在雕刻过程中，首先需要将石料锯成与盆栽大小相近的石块，然后在此基础上进行更加细致的雕刻。用石料制作的石桥、凉亭等配件更接近实物原本的样貌，更能凸显出盆栽的自然之美。

（四）其他材质配件

除上述几种质地的配件之外，还有木质、贝壳类、竹质、玩偶、塑料、棉质以及能够通电发光玻璃质配件（图2-15），这些配件有的充满童趣，有的简洁时尚，有的古朴典雅，设计者可结合自身喜好以及作品风格进行挑选。在把盆栽当作礼品赠与他人时，也可为其添加贺卡、养护说明等配件。

图2-15　玻璃质发光配件

三、装饰配件的选择原则

盆栽的装饰配件选择得当，不仅可以使盆栽内容更加丰富，还能赋予盆栽作品独特的韵味。所以，装饰配件的选择与摆放也是组合盆栽设计中需要重点关注的内容。

为了使盆栽呈现出最佳的视觉效果，在为其选择装饰物与配件时应遵循以下几个原则：

（一）掌握一定的大小比例

即盆栽摆件的大小要与植栽大小之间形成一定的比例。比如，想要表现植物的高大时，就要选择小一些的配件来进行衬托，如车、人物等（图2-16），倘若配件过大，便会适得其反。

图2-16　表现植物高大的盆栽配件

（二）符合主题与时代特征

盆栽摆件要符合盆栽的设计主题与时代特征。例如，在表现古意的盆栽作品中，应选择陶瓷、古建筑等配件；而在体现现代气息的盆栽中，则应选择水坝、大桥等配件。

（三）配件要少而精

在配件的数量方面，应该坚持少而精的原则，尽可能地选择那些做工精细、与设计理念相契合的配件，以此来提升设计作品的魅力。倘若需要选择多个配件，那么也要让各个配件之间在风格、质地以及色彩上达到协调、统一。此外，配件的色彩不能太过鲜艳，否则便会起到喧宾夺主、主次不分的反作用。

（四）具备层次关系、符合透视原理

配件的选择固然重要，但要真正发挥配件在组合盆栽中的独特作用，还需要在摆放过程中，遵循近大远小、低大高小、中间大左右小的透视原理，注意疏密变化、层次关系，使各配件错落有致。避免出现等边、等腰三角形或一条直线式的布置效果。

（五）符合生活规律

按照人们的生活规律、习惯来摆放配件，可以使设计作品更容易被人们接受，更好地将设计意图传达给人们。例如，小桥应该摆放在水面较浅的位置，房屋、凉亭应出现在山脚下或靠近水源的地方。

第四节　设计要素

一、设计要素的重要性

设计是一个创造艺术作品并通过巧妙的构思来呈现艺术美感的过程。在组合盆栽设计过程中，共包含十个设计元素，分别是空间、对比、

色彩、统一、和谐、平衡、质感、比例、渐层、韵律。这十个设计要素中的任何一个都会对设计作品最终呈现的视觉效果产生重要的影响。在设计之初，设计者需要考虑各种植物配置后持续生长的特性以及成长互动的影响，并与摆放地点的水分、光照、管理条件相配合。所以要设计出优秀的组合盆栽作品，就需要设计者熟练掌握并灵活运用各种设计要素。

二、组合盆栽的设计要素

（一）空间

在种植组合盆栽时，必须要保留适当的空间，以保证日后植物长大时有充足的生长空间。组合时，整件作品不宜有拥挤之感，必须留有适当的空间，让观者有自由想象的余地。

（二）对比

将两种事物并列使其产生极大差异的视觉效果就是对比，如明暗、强弱、软硬、大小、轻重、粗糙与光滑等，运用的要点在于利用彼此的差异来衬托出各自的优点。

（三）色彩

植物的色彩十分丰富，从花色到叶片颜色，都有着不同的风貌。在组合盆栽设计中，植物颜色的配置，必须考虑其空间色彩的协调及渐层的变化，要配合季节和场地背景，选择适宜的植栽材料，以呈现出预期的效果。整体空间气氛的营造可通过颜色变化、引导使用人或欣赏者的视线及与环境互动而产生情绪的转换，使人有赏心悦目之感。

（四）统一

统一指的是作品的整体效果。在各种盆栽设计作品中，最应注重的是表现出其整体统一的美感，统一的目的在于让每一个加入的元素都能发挥自身的作用，而不破坏作品的整体风格。而作品中所使用的植物或材料配件，既是主角，也是配角，每一个单位的存在都能为周遭物增加光彩，同样它也可以在周遭物的衬托下变得更加明亮。

（五）和谐

和谐也被叫作调和，是指在整体造型中，所有的构成元素不会有冲突、相互排斥及不协调的感觉，在组合时要注意色彩的统一、质材的近似，有组织、有系统地排列。以和谐为前提的设计，在适当取舍后，作品可以呈现出更好的风貌。

（六）平衡

平衡的形式是以轴为中心，维持一种力感或重量感相互制衡的状态。植物配置时，整件作品前后及上、中、下等各个局部均需适宜才能够保持平衡，以免造成个人在视觉和情绪上产生不安全感。妥善安排植物本身具有的色彩，可以达到平衡视觉的效果。

（七）质感

质感是指物体本身的质地所给人的感觉（包括眼睛的视觉和手指的触觉），是如丝质般光滑还是如陶土般厚实稳重。不同的植物所具有的质感均不同。另外，颜色也会影响到植物的质感，如深色给人厚重与安全的感觉；浅色则有轻快、清凉的感觉。在设计时利用植物间质感的差异，也能有很好的表现。从叶片形状、枝干粗细、叶片排列顺序以及叶片大小和质地等，均依植物种类不同而有所差异，故在选择材料时需依照设计理念、造型变化分别采用不同的植栽。

（八）比例

比例指在特定范围中存在于各种形体之间的相互比较，如大小、长短、高低、宽窄、疏密的比例关系。组合盆栽中，上、中、下段常用的比例为 8 ∶ 5 ∶ 3，接近黄金比例。各种或各组植物在组合盆栽中要有一定高度上的变化，不然作品看起来便会呆板无味。

（九）渐层

渐层是一种渐次变化的反复形成的效果，含有等差、渐变的意思，在由强至弱、由明至暗或由大至小的变化中形成质或量的渐变效果。而渐层的效果在植物体上经常可以见到，如色彩变化、叶片大小、种植密度的变化等。

（十）韵律

韵律又称为节奏或律动，本是用来表现音乐或诗歌中音调的起伏和节奏感。在盆栽设计中，无论是形态、色彩或质感等形式要素，只要在设计上合乎某种规律，对视觉感官所产生的节奏感即是韵律。

第五节　设计手法

一、园艺手法

（一）单植

单植是组合盆栽中最简单的表现形式，它指的是仅使用单一植物来完成造型，利用这种方式设计出来的盆栽能够体现出一种单纯之美。单植主要包含两种方式：一种是单一植物的利用；另一种是单一植物的多种利用。

（二）混植

混植与单植相反，指的是将多种不同种类的植物种在一起。通常情况下，要以植物的需水性以及对光照强度的需求来进行区分。在种植过程中，可以通过群组的方式来完成铺陈。

（三）修剪

即用整枝剪将植物修剪成符合设计理念的形状。这种园艺手法主要被应用于由木本植物构成的盆栽中，因为与草本植物相比，木本植物更耐修剪整形，且修剪完成之后其形状也更容易维持。

（四）扦插

在组合盆栽中，有很大一部分植物都能够进行无性繁殖，特别是易于扦插成活。因此，在特定的栽培管理条件下，通过扦插手法便可让组合盆栽拥有新的造型。

二、花艺手法

（一）结构

从某种角度上来看，组合盆栽属于一种带土的花艺设计，所以花艺设计的手法也能被应用在组合盆栽中。例如，可以通过某些排列手法将组合盆栽整体建构成葡萄串、篱笆状，或如洋葱般层层包围，再或是设计成方形、圆形、心形等几何形状（图2-17）。

图 2-17　心形组合盆栽

（二）架构

架构是一种重要的花艺手法，它能为组合盆栽设计带来一定的变化。架构的独特表现形式不仅能够帮助设计者更好地展现自身的设计理念，还能使组合盆栽打破传统设计观念的束缚，拥有更多发展的可能。例如，在创作过程中可将枯枝、木片、柳枝、苔藓、竹段等作为材料，利用加框、编制、缠绕、捆绑等加工手法，赋予组合盆栽新的风貌。

三、造型手法

（一）水景组合盆栽

这种造型手法与山水盆景相似，需要对水、山石、土等材料进行加工，以此来营造出自然界的山水景观（图 2-18）。

图 2-18　水景组合盆栽

　　水景组合盆栽通常会选用耐水性较好的品种进行配置，如浮萍、凤梨科植物、凤眼莲以及蕨类等。这类组合盆栽不仅能表现非常广泛的题材，还能借助水面的处理，表现出各个季节中的自然风光。

（二）花草组合盆栽

　　花草组合盆栽是以花草或木本花卉为主要创作材料，通过艺术化的处理，再加上枯木、山石的点缀，塑造出的能够反映自然花草景色的作品。与普通的花草盆栽不同，经过艺术化处理的花草组合盆栽既可以体现花草自身的观赏价值，又能彰显组合盆栽独特的造型美（图 2-19）。

图 2-19　花草组合盆栽

　　花草组合盆栽以草本类花卉居多，也可选择木本花卉。在选择植栽的过程中要明确各种植栽间的生长习性，尽量选择习性相近的，这样才能避免各部分植栽出现互相排斥或一方长势过盛而压倒另一方的情况，日后养护管理起来也会更加方便。此外，枯木、山石等装饰配件也要结合植栽的具体情况选用，其配件大部分都是玲珑剔透、形状奇特的。

（三）异型组合盆栽

　　异型组合盆栽指的是将植物栽种于特殊的容器中，并通过巧妙加工与精心养护，使其成为一件富有艺术气息、观赏性的作品。这种容器既可以是玻璃瓶、笔筒，又可以是花篮、茶壶等。植栽与容器在造型、色彩上相辅相成，形成了一定的联系（图 2-20）。

图 2-20　异型组合盆栽

　　这种类型的盆栽通常体积较小，在选择植栽时应以常春藤、文竹、女贞叶等体形娇小的植物为主。异型组合盆栽在形态方面不拘一格，所以设计者在创作过程中只需结合植栽与容器的特点即可，不会受到过多的束缚。

（四）挂壁式组合盆栽

　　挂壁式组合盆栽与普通盆栽之间既存在相似之处，又存在一定的差异。相似之处在于，挂壁式组合盆栽也是利用各种植栽的组合以及山石等装饰配件来表现自然景色；而不同之处则在于摆放位置与用途，挂壁式组合盆栽需要用架构直立于墙面或将盆悬挂在墙上，对墙壁起到装饰作用。

四、造园手法

（一）情景设计

情景设计主要包含传奇故事、节庆、历史典故、人文等。在创作过程中，不仅可以将与植物相关的岁寒三友、榴生贵子等人文典故作为创作题材，还可以从图片中寻找灵感，如用竹类表现竹林七贤的传奇故事。此外，在母亲节、儿童节、端午节、中秋节、春节等重要的时令节庆中，赠送礼物是重要的习俗之一，而作为礼品的组合盆栽就需要运用情景设计这一手法。在设计这类组合盆栽时，首先应该根据节日的意义以及其象征的事物选用特定的颜色和植物。然后再将各种具备吉祥寓意的植栽进行组合，配以合适的包装，一件精美的节日礼品便制作完成了。

（二）自然写景

在设计自然写景时，色彩不能过于花哨，可以通过光线的明暗或是烘托、对比等手法来体现设计主题。此外，在布置过程中需要充分考虑花草的属性与特点。倘若要以沙漠景色为主题，可以选择多肉植物或仙人掌，并搭配色砂、珍珠石等，以此来表现荒芜的感觉；倘若要以森林景色为主题，就需要选择观叶植物或蕨类等原生植物来体现自然的感觉。事实上，在将庭院设计理念引入组合盆栽设计的过程中，可以倾向于迷你庭院或是比较简洁的设计，这样一来，不仅非常实用，还能更好地表现庭院的独特意境。

（三）自然地景

顾名思义，这种景观主要是通过植物与装饰配件来营造出草原、森林、高山、沼泽等自然风光。设计作品不一定要展现出自然景色的全部样貌，能够使受众了解作品的意境便可。

（四）缩景

缩景指的是在设计构思之前，设计者需要对自然景色进行细致且充分的观察与体验，并能在脑海中设想出设计主题以及与该主题相关的景观艺术形象。然后再对自然景物进行浓缩与概括，使其呈现在组合盆栽设计作品中。通过这种方式创作出来的作品，在体现自然之美的同时，也具备了更加深远的意境。

（五）绿雕

从广义层面来看，绿雕指的是将特定的植物作为创作素材，通过压附、修剪、牵引、摘心以及编织等方式，使植物拥有如雕塑艺术品一般精巧、美观的外形。组合盆栽中的绿雕需要采取更加细腻的制作手法。在制作过程中，制作者首先需要用铁丝编织出自己所需的造型，然后铺上一层薄薄的水苔，再放入培养土，中间最好放入发泡炼石作为排水层，最后把植物种进去。应用于绿雕的植物需要具备易繁殖性、匍匐性、蔓性或低矮延生性的特点，较为常见的有白网纹草、薜荔、常春藤等。此外，为了帮助植物更好地生长，可采用2到3厘米的U形钉来固定植物的枝条。

（六）容器堆叠

容器堆叠指的是将各种花器堆砌在一起。堆叠的关键点在于堆叠时的固定。采用容器堆叠的方式可以提升展示空间的利用效率，让组合盆栽更具空间感，增加作品的分量，为观赏者带来更有层次性的审美体验。

五、包装手法

（一）组合盆栽基本的包装手法

在组合盆栽中，包装指的是以纸藤、塑料纸、牛皮纸、皱纹纸、绑带、蜡纸、不织布等为包装材料，通过特定的包装技巧与手法来提升组合盆栽的附加价值。

　　在包装普通的组合盆栽时，需要先在盆栽容器外粘上一圈双面胶，然后在塑胶上剪出一块与盆底大小一致的材料，作为盆栽的防水层，用来防止浇水时出现外漏情况；也可以用不织布或其他纸质材料包在塑胶底的外层，起到一定的装饰作用。

（二）礼篮

　　对组合盆栽而言，礼篮是提升其美观度且便于携带的重要设计形式。组合盆栽的礼篮设计指的是结合设计理念，选用恰当的篮子，并将植栽种植于该篮子中，以此来强化植栽的观赏性，吸引观赏者的注意力（图2-21）。

图 2-21　礼篮组合盆栽

礼篮主要包含两种类型，一种是没提手的，一种是有提手的。通常情况下，设计者会在提手部分加入塑料拉花、蝴蝶结等进行装饰。利用礼篮制作组合盆栽时，首先要以塑胶垫底，防止漏水，然后还要再放上一层发泡炼石，作为排水层，这样的包装手法可以在不影响美观的同时，保证植物的正常生长。

（三）套盆

套盆是指套在花盆外的装饰盆。它的材质非常广泛，其中包含陶瓷、铸铁、铸铜、玻璃、不锈钢、竹木、纸藤、棉、麻等。套盆对盆栽的作用，就如同衣服对人的作用一般。套盆能对组合盆栽起到较强的装饰作用，增强植物的美观度。因为人们普遍希望在浇水后不会有水渗出，所以底部没有开口的套盆更受人们的喜爱。

第三章 组合盆栽养护管理

第一节 光照

一、光照对植物的重要性

（一）光合作用

在组合盆栽中，光照是植物生长过程中必不可少的条件，它能为组合盆栽中植物的光合作用提供能源。光合作用指的是植物在光照条件下利用叶绿素吸收光能，将体内的水和二氧化碳转化为能维持自身生长的有机物，同时释放出对人类有益的氧气的过程。

（二）生长发育

植物的生长会受到多种因素的影响，而光就是其中非常重要的一个因素。光照时间、光照强度、光谱成分，会对植物的生理状态、形状结构等方面产生较大的影响。此外，各类植物对光的需求以及适应性，也造就了植物不同的生态习性。如果植物长时间缺乏光照，便不能为自身提供生长所需的能量，导致发育不良。因此，想让植物茁壮生长，就必须保证光照的充足。

二、光照对植物的影响

（一）光照强度对植物的影响

光照强度指的是单位面积内所接受的可见光能量。光照强度与光合作用存在着一定的联系。即在一定范围内，光合作用会随着光照强度的提升而加快，但达到一定的光强后，光合作用便会逐渐变慢，此时的光的强度被称作光的饱和点。此外，光照强度在不同地区与不同季节中也是不同的。纬度越高光照强度越弱；海拔越高光照强度越高；夏季光照强度最高，冬季光照强度最弱。所以，生长在不同地方、不同季节的植物，对光照强度的要求也自然有所不同。如昙花只在夜间开花几个小时；紫茉莉在早上或傍晚日照微弱时开花；而郁金香则在阳光较强时开花。

因此，根据光照强度对植物的影响，可将植物分成阳生植物、中生植物以及阴生植物三类。下面将对这三种植物进行简单介绍，详见表3-1。

表3-1　阳生、中生、阴生植物介绍

植物类别	光饱和点	特点	常见植物
阳生植物	高	喜欢阳光充足、光照强度大的环境。若阳光不足，光合作用的速度变慢，便会出现叶片黄瘦、枝条细弱、香味较淡，甚至不开花等情况，观赏价值大打折扣	月季、郁金香、梅花、石榴、玉兰、香豌豆等大部分观花、观果植物
中生植物	适中	有的喜微阴或半阴，有的喜光但能耐半阴	君子兰、吊兰、扶桑、蟹爪兰等

续表

植物类别	光饱和点	特点	常见植物
阴生植物	低	生于隐蔽条件下，喜散射光。叶片又大又薄，倘若光照强度过大，其根系所吸收的水分便无法及时供给叶片，光合作用的速度变慢，最终影响植物生长	文竹、绿萝、万年青、龟背竹、蕨类植物、竹芋类和苦苣苔科的花卉等

植物所需的光照强度并非一成不变的。随着年龄、发育阶段以及所处环境的变化，植物对光照强度的需求也在不断变化。因此，在栽种、养护组合盆栽的过程中，应该结合每种植物对光照强度的需求，因时、因地调整适合其生存的光照环境。

（二）光照长度对植物的影响

光照长度指的是一天当中，从日出到日落的时数。光照长度会对植物的花青素形成、开花时间、休眠时间、叶片生长、根球形成、成花过程、节间长度等方面产生重要影响。

1. 光照长度影响植物的开花时间与休眠时间

每种植物开花都需要特定的光照长度，掌握了这一点，就可以通过改变光照长度来控制植物的开花时间，使其按照自身需求提早、延迟开花。以一品红为例，如果想让其在特定的时期开放，就要在精心养护的基础上，提前四十至五十天对其进行遮光处理，使光照时间少于十个小时。

此外，光照长度也会影响植物的休眠时间。那些纬度较高的地区往往日照时间较短，因此，产于此地区的植物想要存活就需要通过休眠的方式来应对低温环境。这时，可以提前缩短这类植物的光照长度，使其提前进入休眠状态，或是延长其光照长度，推迟其休眠时间。

2. 光照长度影响植物的营养繁殖

在长光照情况下，部分植物的叶缘上容易长出一些小植株。例如，虎耳草受到较长时间的光照后，容易生出匍匐茎；在短光照情况下，以球根秋海棠、大丽花为代表的球根植物的块茎、块根更容易形成。

3. 光照长度影响植物的成花过程

由于产地的不同，各类植物对光照长度的需求也会有所不同。根据光照长度对植物成花过程的影响，可分为长光照植物、中性植物、短光照植物，详见表3-2。

表3-2　长光照、中性、短光照植物介绍

植物类型	光照长度	特点	常见植物
长光照植物	14～16时	只有得到长时间的光照后，才能正常开花、分芽。短光照条件下不开花或延迟开花	藿香蓟、荷花、天人菊等
中性植物	不受日照长短影响	此类植物的生长、开花与光照时长没有直接关系，只要营养充足、温度适宜，便可开花	天竺葵、马蹄莲等大部分花卉
短光照植物	8～12时	这类植物所需光照时间较短，在长光照条件下，不开花或延迟开花。因此，它们在夏季保持生长，待到秋季才陆续开花	波斯菊、蟹爪兰、一品红、秋菊等

（三）光质对植物的影响

虽然光质对植物产生的影响不如光照长度那样显著，但它也是植物正常生长过程中不可或缺的。

在可见光中，红光、黄光、橙光的光合作用效率更高，有助于碳水化合物的形成，可以促进长光照植物发育，延缓短光照植物发育；紫光、蓝光有助于蛋白质的形成，可以促进短光照植物发育，延缓长光照植物发育。不仅如此，紫光和蓝光还能对茎的生长起到抑制作用，控制植株大小，促进花青素的形成。此外，不可见光中的紫外线也具备促进发芽、抑制徒长的作用，所以那些生长在紫外线较强的高原地区的花朵，往往颜色艳丽、体态娇小。在自然光线里，直射光中的红光、橙光较少，紫外线较多；散射光中的红光、橙光较多，紫外线较少。这也正是散射光对半耐阴性花卉的作用大于直射光，而直射光对花色艳丽、植株矮化、抑制徒长能起到有效作用的主要原因。

第二节　水分

一、水对植物的影响

（一）为植物提供生长条件

水是植物生长所必备的条件，只有以充足的水分为基础，植物才能更好地吸收营养物质、苗壮生长。倘若植物处于缺水或水分含量过低的状态，不仅会对其生长产生不利影响，还会降低植物自身的防御能力，提升其遭受外部环境侵害的可能性，甚至还会导致植物死亡。

（二）物质运输

植物需要一些特定的物质（有机物和无机物）来维持生长，而这些物质是无法被直接吸收的，只有在水的作用下，这些物质才能被植物更好地吸收。水在植物体内扮演着溶剂的重要角色，许多物质都需要经过水的溶解才能完成运输。

（三）维持温度

水不仅具有较高的汽化热，还具有良好的导热性。它在植物体内持续流动，再配合植物的蒸腾作用，可以将叶片所吸收的热量散发出去，避免植物被强烈的光照灼伤，使其保持正常体温，对植物的生长能够起到积极作用。

（四）促进新陈代谢

水是新陈代谢过程的反应物质。它参与并影响着植物的呼吸作用、光合作用以及有机物的合成与分解等诸多环节。

二、水的要求

水是生命之源，更是维系植物生长的重要因素。因此，浇水也就成了盆栽的种植、养护中的必要环节。而浇灌植物所用的水也应该注意以下几个方面。

（一）水质

通常情况下，水主要包含软水和硬水。其中，硬水中含有较多的氧化物、镁盐以及钙盐，如果用这种水浇灌植物，会使植物的叶片长出褐色的斑点，不仅会降低植物的观赏性，还会阻碍植物的光合作用，所以在浇灌植物时，应该尽量以软水为主。在众多种类的水中，雨水是最理想的浇灌用水，因为其中不含矿物质，且呈微酸性或碱性，其次便是池塘水、河水。自来水是日常生活中比较容易获取的，倘若想要用其浇灌植物，应该提前放置一段时间，使水中的氯化气释放后再进行使用。

（二）水温

由于气候的变迁，不同季节的水之间会存在一定的温度差异。但无论是炎热的夏季还是寒冷的冬季，浇灌植物所用的水的温度，都应该与土壤温度、气候温度相近，不然便会对植物的根系造成伤害，降低其活动能力，影响植物的供水以及正常生长。因此，在浇水前，应先将水放在与组合盆栽相同的环境中，待水温与该环境中的气温接近之后再进行浇灌。

（三）水量

以季节变化来进行区分，植物夏季的浇水量要大于冬季，而对同一个季节中的同一种植物而言，长势越好的植物，浇水量应该越大；以花卉形态来区分，草本植物的浇水量要大于木本植物。

三、判断组合盆栽是否缺水的方法

能够准确判断出盆栽是否缺水，是保证植物健康生长的关键。因为只有及时浇水才能使植物持续获得水分，避免因缺水而导致发育不良甚至死亡。下面介绍几种判断植物是否缺水的方法。

（一）盆土目测法

这种方法指的是通过眼睛来观察盆土表面的颜色，倘若颜色变淡或变成灰白色，就代表盆土正处于干燥状态，需要立即为其浇水；倘若植物的颜色变深或变成深褐色，就代表盆土较湿润，无须浇水。

（二）观察花卉法

观察花卉法指的是用眼睛观察花卉的生长状态。花卉在缺水状态下，便会给人毫无生机的感觉，新长出来的枝叶也会出现蔫垂、颜色暗淡或变黄的情况；倘若正处于花期，还可能出现花朵萎蔫、脱落的情况。

（三）指测法

指测法指的是将手指轻轻插入盆土两厘米左右的位置，通过感受来判断土壤是否缺水。倘若感觉土质较干或较硬，就代表组合盆栽处于缺水状态，应及时浇水；倘若感觉土质比较细腻且湿润，就代表盆栽在短时间内不需要浇水。

（四）掂重法

掂重法指的是用手将花盆抬起，仔细掂量花盆的重量。如果花盆比平时轻很多，就说明盆栽缺水，应立即浇水。

（五）捏捻法

这种方法需要用手捻盆栽容器内的土，如果土被捻成了粉末，就代表盆土比较干燥，需要浇水；如果盆土被捏成了团粒状或片状，就代表盆土比较湿润，不需要浇水。

（六）敲击法

采用这种方法时，可以用手指关节或小木棒一类的东西，轻轻敲击花盆上部的盆壁，倘若声音听起来清脆，就代表盆土缺水，需要及时浇水；倘若声音沉闷，就代表盆土还比较湿润，不需要浇水。

四、浇水方法

一般而言，组合盆栽的浇水原则为"不干不浇，干则浇透"，此原则指的是当植物干到一定程度时，就要为其彻底地浇一次水，直到水从花盆底部渗出为止。因为，如果长时间浇不透水，只将盆栽表面浇湿的话，植物的根系便会出现上移的情况，严重的话还会导致植物死亡；如果盆栽长时间处于湿润或是存水的状态中，就会使植物根系被迫在水中进入无氧呼吸状态，进而影响正常发育。[1]

---

[1] 谷丽萍.家庭组合盆栽制作工艺 [J].现代农业科技，2020（06）：131，134.

（一）浇水的时间与次数

给组合盆栽浇水的时间与次数要结合所在的季节以及具体的植物品种来决定。通常情况下，在夏天，要每天早上、晚上各浇一次水，中午不浇；在冬天，由于许多植物都进入了休眠或半休眠状态，代谢速度较慢，所以每周只需在十点左右浇一到两次水即可，且要注意水的温度。

（二）常见的浇水方法

不同的植物所需的浇水方法也不同，如大部分的普通植物可以采用直接浇灌的方法；有些花朵非常娇嫩或是叶片质地较为特别的植物需要采用从底部吸入的方式来完成浇水；还有一些叶片肥大或藤本花卉，既要从叶茎浇水，又要从根部浇水。下面总结了几种常见的组合盆栽浇水技巧，详见表3-3。

表3-3　组合盆栽浇水方法

浇水方法	具体措施
浇灌法	这种方法需要采用带有莲蓬头的水壶，对植物的根部进行浇水。如果将水浇在开花的植物上，会使其娇嫩的花蕾因浸水而腐烂。而那些观叶植物则可以在枝叶或苗床上洒水。当然，如果盆栽所处的环境具备良好的通风环境，也可直接浇水
喷水法	喷水法需要借助压力喷水壶来制造水雾，并对组合盆栽进行喷洒，提升小范围内的环境湿度。除了土壤中的水分外，植物也可对空气中的水分进行吸收。而空气中的水分含量便是湿度，它对植物的生长起到了非常重要的作用。土壤中的水分并不能满足植物对空气湿度的要求，倘若空气湿度不足，植物便会出现叶片暗淡无光、枝叶毫无生气的情况。严重的话，还会导致叶片枯黄、脱落。因此，经常向组合盆栽进行喷水，满足其对空气湿度的需求，才能让组合盆栽保持更好的状态，使盆栽内的植物更加洁净
底灌法	首先要在盆内装入3到5厘米深的水，然后再将盆栽放入盆中，让水透过盆地的洞浸润土壤。这种方法可以有效防制土壤板结、促进根系生长。但在此过程中，土壤中的盐分也会随着水升到土的表面，容易灼伤植物根茎，因此，要与浇灌法交替使用

续表

浇水方法	具体措施
承露法	在春、秋两季，即便室内的组合盆栽的长势再好，也要在晚上移到室外，使其得到露水的滋润，白天搬回。此法不仅有利于植物的生长，还对人的健康有益。因为大多数的植物在夜晚都会吸收氧气，降低室内的空气质量
浸盆法	这种方法需要将盆栽放入水桶中，且水面要高于土面，静置一分钟后方可拿出。浸盆法能够避免底灌法的弊端，有利于盆栽的生长，节省水源，一桶水可重复利用。但也存在不足之处，那就是一旦其中的任何一个盆栽得了病害，那么其他与之浸过同一桶水的盆栽都会被传染，所以在运用这种方法之前一定要确保盆栽的健康
扣水法	扣水主要指的是减少浇水的次数，其目的在于抑制枝叶旺长、促进花芽分化。如果想要对某种花卉进行扣水，就需要适当地减少浇水次数，浇水次数少了，其枝叶便会萎蔫，花芽开始分化，开的花也会更好、更多。植株的新芽既可长成叶芽，又可长成花芽。以梅花为例，可在八月对其进行扣水，促使新芽分化为花芽；也可在花后进行扣水，使其在秋季后再开花。球根花卉在干燥环境中，分化出完善的花芽，直至供水时生长开花；花后如再扣水，秋季也能开花。只要掌握开始供水至开花的天数，便可通过供水的日期来调整植物的花期
沙盘法	对微型或小型的盆栽来说，由于容器较小，很难存贮水分，而水分较少又会影响发育。而运用沙盘法，将这些微型或小型盆栽置于湿润的沙盘中，可以使其保持湿润，更好地生长
沙柱法	在组合盆栽上盆或换盆的过程中，首先，在空盆中立几根空心管（铁管、塑料管、竹管均可）；其次，用土壤压实，在管内填入粗沙；最后，再将管取出，沙柱便做好了。在将水注入沙柱时，水会通过沙柱向周围扩散，这样一来，不仅能预防土壤板结，还不会产生任何不良影响
纤维吸水法	此法需要在土壤中埋入一根纤维吸水绳，再将绳的一端放进有水的容器中，如此，水便会借助纤维绳被吸入花盆中，使盆栽保持湿润。如果盛水的容器高于花盆，吸水效果则会更佳。这种方法比较适合出远门时使用
抢救法	此方法适用于那些因缺水而萎蔫的植物。在抢救过程中，应多次浇水并逐渐增加水量，倘若一次性浇过多的水，很有可能会导致植物落叶或死亡

第三节　栽培介质

一、栽培介质的介绍

在组合盆栽中，土壤是植物生长的必要条件。它能够固定、支撑植物，使其更容易得到光照；为植物提供生长发育所需的水分、养分和氧气；当生长环境发生极大变化时，还能为植物提供缓冲的余地。

近年来，随着园艺技术的不断发展，出现了许多新的园艺材料。因此，现在的种植土，并非传统意义上的"土"。在组合盆栽中，种植所需的材料，被称为栽培介质。

下面介绍几种组合盆栽中较为常用的栽培介质。

（一）壤土

通常情况下，壤土主要存在于郊野荒地，是组合盆栽中使用率较高的栽培介质。壤土以浅黄色为主，具有较强的保水性，在干燥状态下会呈块状，遇水后便会软化。这种介质比较适用于一些大型的木本植物。如果是自行收集的话，需要将其中的石块、杂草清理干净，并放在太阳下晒干消毒后再使用。

（二）黑土

黑土是一种蕴含有机物质的土壤，有着极强的蓄水性。但在遇水后会变成泥浆状，透水性、通气性不足。所以要和赤玉土等其他介质混合使用。

（三）泥炭土

泥炭土是一种由大量在冰河时期之前沉积于河湖底部的植物，腐烂并被分解积累后形成泥炭层的土壤。它的通透性与蓄水性非常好。

（四）鹿沼土

鹿沼土是日本栃木县鹿沼市出产的浮岩的总称。该介质呈多孔颗粒状，干燥状态下为白色，遇水后变成黄色，有着良好的透气性、蓄水性。

（五）赤玉土

赤玉土是一种由火山灰堆积而成，且应用较为广泛的栽培介质。它的外形为颗粒状，质地坚硬，能够长时间保存。赤玉土的排水性、蓄水性以及通透性都很好。

（六）砻糠灰土

砻糠灰土是一种将稻壳烧成灰后制成的栽培介质。它不仅有着良好的排水性，还蕴含着丰富的钾元素，可以为植物提供营养，调节土壤的酸碱度，抑制不良细菌，有利于植物的健康生长。

（七）腐殖土

在地形、风向等因素的不断影响下，植物的落叶会堆积在一起，在经过长时间的腐化、发酵、分解等过程后，便会形成腐殖土。腐殖土含有丰富的营养元素，是一种非常理想的栽培介质。但由于其自然形成的过程过于缓慢，所以人们通常会采用人工调配的方式来获取，即将植物的树皮、细枝、叶片切碎，通过相应措施加速其分解，再向其中加入浮石、珍珠石、蛇木屑等。

腐殖土价格低廉、蓄水性好，养分充足，但也因为其质量较轻，所以不适宜被用在大型的组合盆栽中。在使用时，应先将腐殖土用水浸润，这样才能使其疏松的土质变得更加紧密，有利于固定植物的根部。此外，腐殖土也存在着一定的弊端，如在干燥状态下植物容易摇动，在浇水后会出现下陷或水分不均匀的情况，这也是使用者需要特别注意的。

（八）河砂

河砂指的是河水流过后，被滞留在河边的小石粒。它们通常为椭圆形，且比较干净，晒干后便可直接使用。河砂比较适合根部较弱且需要良好排水性环境的多肉植物。

（九）黏土

虽然黏土的使用机会比其他栽培介质少一些，但对于水生植物来说却是至关重要的。不仅如此，黏土也可以当作栽培的辅助材料，或是用于制作水盘、浅盆等。

黏土的获取方式有两种，一种是从沟渠、田边挖取，这种方式虽然成本较低，且黏土的养分充足，但黏土中会携带大量微生物，容易使植物感染虫害，所以在使用前需要采取一定措施将其中的细菌、虫卵、杂草等祛除；另一种方式便是直接去花卉市场进行购买，这种方式虽然方便但成本较高。

（十）水苔

水苔常被人们用于局部保湿，很少被直接当作栽培介质来使用。水苔适用于喜湿性植物，在使用时，可将其切碎混入介质中；也可以将整片水苔覆盖在植物修剪后的伤口处或新栽植物裸露的根部上。

（十一）轻石

轻石是将火山岩切碎后得到的，表面有很多小孔，透气性、蓄水性较强，常用于盆栽容器底部。它有很多大小不同的种类，使用者可结合自身需求进行选用。

（十二）蛭石

蛭石源于轻石，是对轻石进行高温处理后得到的。它对土壤营养的用处很大，常与其他栽培介质混合使用。

（十三）珍珠岩土

珍珠岩土是一种白色颗粒状的物质，排水性、通气性极佳，但保肥性较差。它经常和其他栽培介质混合使用，能在一定程度上减轻组合盆栽的重量。

（十四）蛇木屑

蛇木屑能够吸收水分，大量聚集后又会产生较大空隙，因此，它的蓄水性、透气性、排水性都非常好。常被单独用于兰花类的组合盆栽中，或与其他栽培介质组合，来提高植物的耐寒能力。蛇木屑不易腐烂，易于长期保存。倘若盆栽中使用了较多的蛇木屑，就需要注意及时补充养分，因为它不具备为植物提供养分的能力。

在栽培过程中，这些介质并不都是单独进行使用的，有时也需要适当比例的配制才能发挥更大的作用。

二、栽培介质的配制

为了满足不同种类的组合盆栽的不同生长需求，人们常常需要自行配制栽培介质。而在配制过程中，需要充分考虑介质的蓄水性、排水性、保肥性、酸碱度、透气性等。

（一）蓄水性

倘若土壤过于干燥，植物便无法获取水分，而多次浇水又会损伤植物的根部，所以，只有选择蓄水性好的栽培介质才能给植物提供更好的生存条件，保证其正常生长。

（二）排水性

在为组合盆栽浇水时，需要将盆中的土壤彻底浇透，直到水从盆底渗出为止，这样才能帮助土壤排除旧空气，重新吸入新空气。而这也要求栽培介质拥有良好的排水性。倘若排水性不好，便会影响植物吸收水分，甚至造成根部腐烂。

（三）保肥性

保肥性指的是栽培介质对肥料的储存能力。肥料为植物提供营养，有利于植物的根系生长，如果栽培介质的保肥性较差，那么植物的生长就会受到影响。

（四）酸碱度

栽培介质的酸碱度是影响植物生长的重要因素。倘若酸碱度不合适，便会阻碍植物吸收营养，甚至是引发病害。

大部分的盆栽植物喜爱中性微酸的土壤，强酸或强碱性的土壤会使营养元素处于不可吸收的状态，进而导致植物营养不良或感染病害。

调整土壤酸碱度的方法有很多，当酸性过高时，可加入一些草木灰或石灰粉；当碱性过高时，可加入适量的腐殖质肥或硫黄、硫酸亚铁等。

（五）常见的栽培介质配方

下面介绍几种常见的栽培介质配方，使用者可以此为参考。

1. 室外组合盆栽

对于在室外种植的组合盆栽，可采用以下搭配比例：黑土 20%、赤玉土 20%、泥炭藓（水苔）20%、腐殖土 10%、鹿沼土 10%、珍珠岩土 10%、蛭石 10%。以这种配方制成的栽培介质具备良好的保肥性、蓄水性、排水性。但这也只是基本的配方，在使用时还需结合盆栽的具体状况来进行调整。

2. 室内组合盆栽

对于种植于室内的组合盆栽，首先要做的就是清除种植介质中的虫子，这样才能在一定程度上避免植栽受到虫害的侵扰。在选择配制介质时，尽量不要选择带有强烈刺激性气味以及容易造成尘土飞扬的土壤，可以选择蛭石、珍珠岩、水苔等轻便、清洁的土壤种类。

3. 一、二年生的草本植物

这类植物种类繁多，有的能耐酷暑、严寒；有的耐瘠薄、抗盐碱，适应环境的能力较强，种植起来相对简单。常见的植物有紫罗兰、一串红、凤仙花、雏菊、金鱼草等。其栽培介质的调制方法为：50% 泥炭土、20% 沙，再加上 30% 树皮屑；50% 培养土加 50% 沙；50% 园土、30% 腐叶土，再加上 20% 沙。

4. 多年生宿根植物

这类植物能够长时间存活的主要原因便是其强大的环境适应能力。它们对土壤的要求普遍较低，如香石竹、君子兰、非洲菊。可以用 30% 园土、40% 腐叶土，再加上 30% 沙，或是 50% 腐叶土、25% 园土，再加上 25% 沙来为其调制栽培介质。

5. 观叶植物

这类植物要求栽培介质具备较高的腐质含量，以及良好的透气性、排水性，如龟背竹、虎耳草。可以用 40% 腐叶土、40% 培养土，再加上 20% 沙来为其配制栽培介质。

6. 球根植物

这类植物往往肉质根发达，根毛较少，根部的生长能力、吸水能力较弱，所以在配制时要选择排水性好，土质疏松、肥沃的土壤，如用 50% 泥炭土、30% 珍珠岩，加上 20% 树皮屑，或 50% 培养土加上 50% 腐叶土。常见的植物有大岩桐、朱顶红、仙客来等。

7. 木本植物

由于这类植物的生长周期相对较长，要求栽培介质不易腐烂、粉化，能够更加耐用一些，所以在调制时可采用 40% 腐叶土、40% 培养土和 20% 沙。常见的植物有杜鹃、山茶等。

8. 垂吊植物

这类植物需要疏松、肥沃以及排水性较好的土壤，可以用 50% 园土、40% 腐叶土和 10% 沙，或 80% 树皮屑和 20% 沙，或 40% 园土、40% 腐叶土再加上 20% 的沙来为其配制种植介质。常见的植物有常青藤、香豌豆、天竺葵、蟹爪兰、吊兰等。

9. 多肉植物

这类植物对栽培介质的要求有以下几点：第一，具有良好的排水性，如果栽培介质的排水性较差，便会造成植物的根部腐烂；第二，干净清洁，含有过多微生物、杂质的土壤容易滋生细菌，使多肉植物感染病虫害；第三，疏松透气，因为多肉植物为肉质根茎，所以不宜生长在黏重的栽培介质中。在为这类植物配制栽培介质时，主要的方法有：25% 腐叶土、25% 泥炭土，再加上 50% 沙；35% 腐叶土、35% 沙、15% 泥炭土以及 15% 蛭石。常见的植物有长寿花、仙人掌、芦荟、龙舌兰等。

10. 地生兰

这类植物需要排水性、保湿性较好的栽培介质。可以用 50% 泥炭土、20% 树皮屑、15% 苔藓和 15% 沸石，或 50% 泥炭土、20% 蕨根、15% 树皮屑以及 15% 的椰壳来进行配制。常见的植物有兜兰、大花蕙兰以及春兰等。

11. 热带兰

由于这类植物有着气生肉质储水根系，所以需要透气性、排水性好且肥沃的介质来种植。可用以下方法来为其配制栽培介质：40% 树皮屑、30% 水苔，再加上 30% 沸石（即火山石，这种材质的透气性好、质量较轻）；30% 椰壳、30% 树皮屑，再加上 40% 的蕨根（蕨根为树状蕨类纤维结构的茎或水龙骨科植物的根，其透气性、排水性较好）。常见的植物有卡特兰、文心兰、石斛、蝴蝶兰等。

12. 柑橘类植物

适宜柑橘类植物（图 3-1）生长的栽培介质需要具备良好的排水性、透气性。倘若空气不通畅，就会对这类植物的生长发育产生不利影响，出现烂根等情况。

图 3-1　柑橘组合盆栽

第四节　施肥

一、肥料中各元素对植物的影响

植物在生长过程中，除了要在土壤中吸收水分之外，还要吸收有机物质、矿质元素以及氮素来维持自身的正常生长。因此，土壤中有机物质、矿质元素的含量对植物的生长发育有着很大的影响。在组合盆栽的种植、养护过程中，肥料的用量以及种类可以改变土壤中的养分比例，从而为植物创造良好的生长环境。

不同种类的植物或是同种植物的不同生长状态，所需的肥料种类也是不同的。所以，在选择肥料、使用肥料前，应该明确每种肥料中各种元素对植物生长起到的作用，只有这样才能做到"对症下药"。下面将对肥料中的几种常见元素进行一一介绍。

（一）氮

氮能够促进植物叶和茎的生长，当氮肥充足时，植物的叶片会长得又大又绿，光合作用的速度变快，叶片功能期延长，花卉植物也会变得更加健壮。倘若氮含量过少或不足，植物便会出现节间短，叶片小，花卉颜色淡，枝条细弱，老叶易黄、脱落等情况，既影响盆栽的美观，又不利于植物的健康；倘若氮肥过多，便会使枝叶娇弱、茎叶徒长、抑制花芽的生长，容易遭到病虫的侵害。

在施氮肥的过程中，要结合植物的具体生长情况而定。例如，一年生的花卉植物，要在其幼苗时期施以少量氮肥，并在其后期的生长过程中逐渐增加肥量；两年生的植物需要在春季多施氮肥。观花、观果类的植物需要在开花阶段降低氮肥量，否则就会出现花期推迟，落花、落果的情况；观叶类植物需要在整个生长期多施氮肥。

（二）磷

磷是植物细胞核的重要构成部分，它对植物体内碳水化合物的转化，脂肪、蛋白质的合成以及光合作用有着重要的影响。当植物缺少磷元素时，其体内的细胞分裂以及蛋白质合成都会受阻碍，最终导致根部、幼芽生长缓慢、叶色暗淡、植株低矮以及开的花又小又少。如果磷肥充足，植物不仅能结出更大更多的花与果实，色彩也会变得更加艳丽。

（三）钾

在植物体内的碳水化合物形成、运输的过程中，钾发挥着至关重要的作用，即促进木质素、纤维素的合成。因此，在具备了充足的钾肥后，植物的根茎会更加粗壮，抗寒、抵御病害的能力会有所提升。而缺乏钾肥会导致植物叶片较小、叶缘枯焦、枝茎细弱。

（四）镁

对植物而言，镁是叶绿素的重要组成部分，如果没有镁元素，植物就无法进行光合作用。当植物缺少镁元素时，会出现以下症状：叶片的叶尖和脉间的绿色开始变淡、变黄、再变紫，之后逐渐向叶基部分和中央蔓延，在此过程中，叶脉仍是绿色。情况严重时，还会造成褐斑坏死。缺镁的症状往往最先表现在老叶上，如果不及时补充镁肥就会逐渐蔓延到新叶上。

（五）铁

铁对植物的光合作用有着重要影响，一旦植物缺乏铁元素，就会导致叶片失绿、变黄，出现较为显著的幼叶病症状，严重时叶片会变成乳白色。由于铁元素在植物中很难转移，所以这种情况会最先体现在新叶上。

（六）硼

硼对植物的生长发育主要起到以下三方面的作用：

第一，促进碳水化合物的运转。如果植物体内的硼元素充足，便能保证植物的正常生长，提升结实率与坐果率；

第二，调节有机酸的形成与运转。当植物缺硼时，其根部便会积累有机酸，抑制根尖分生组织的细胞分化与伸长，引发木栓化，造成植物根部坏死；

第三，帮助植物进行受精。硼在花粉里的含量，以柱头与子房两部分居多，可以刺激花粉的萌发以及花粉管的伸长，保障授粉过程的顺利进行。当植物体内的硼元素不足时，花丝与花药就会开始萎缩，无法形成花粉，进而出现"花而不实"的情况。

（七）钙

钙肥不仅能够为植物提供钙元素，还能调节土壤的酸碱度。当植物缺乏钙时，枝叶会逐渐变软、根部前端变成褐色。最先影响到的便是其幼嫩的分生组织，细胞分裂受阻，无法形成新的细胞壁，甚至还会导致幼嫩器官坏死。

（八）硫

硫是蛋白质的构成部分，和叶绿素之间也存在着密切的关系。当植物缺乏硫时，会导致叶片失绿、植株矮小，甚至是叶脉失绿以及整个叶片变白。

（九）锰

锰是植物生长所需的必要元素之一。虽然它在植物中的移动性较小，但却比硼和钙要容易移动。锰关系到植物体内的许多氧化还原反应，它不仅可以作为许多酶的活化剂，还可以直接参与光合作用中水的光解。除此之外，锰也是叶绿体的重要构成部分，所以在缺乏锰时，叶绿体的结构便会受到极大影响，引发幼叶缺绿等情况。

二、组合盆栽施肥技巧

植物的茁壮生长、组合盆栽呈现出良好的视觉效果，离不开肥料。由于组合盆栽主要采用固定的基质与容器，且植物密度较大，所以对养分的需求也比用普通种植方法的植物要高，这也要求在为其施肥时，掌握一定的技巧。

（一）无机肥料与有机肥料

肥料的种类繁多，其中包含的营养成分也有所区别。通常情况下，可将肥料分为无机肥料与有机肥料。

1. 无机肥料

无机肥料指的是将许多无机元素通过化学合成的方式制成的化肥，也被叫作人工肥。化肥不仅形式多样，其中的营养成分还能快速与水相融，容易被植物吸收，效果显著。当然，也有一些缓释的长效化肥，即将肥料用专门的包衣包裹起来，或借助特定的载体，让这些营养成分缓慢释放在土壤中，且肥料的效果不变。以外形为依据，可将化肥分为液体、粉末状、颗粒状。液体状的化肥可结合说明稀释后，采用喷洒或浇灌的方式进行施肥，而粉状与颗粒状的化肥则可直接施入土壤内或土壤表层，但也要控制好用量。

2. 有机肥料

有机肥料指的是由动物、植物体或排泄物发酵而成的肥料。这种肥料需要分解后才能被植物吸收，且肥效缓慢，会散发异味，用起来不如无机肥料方便。

（二）组合盆栽的基肥与追肥

以肥料的用途为依据，可将肥料分为基肥和追肥两类。基肥通常会采用有机肥料，在种植植物前将特定比例的有机肥料与土壤混合在一起；追肥往往采用化肥，在植物种植完成后，向其叶面（根外追肥）和根部（根部追肥）进行施肥。

在定植时所施入的基肥，通常可以维持一到两个月的时间，所以从第三个月起，就需要对组合盆栽进行追肥。那些长势较好的植物应该在其定植后持续追肥，而在植物长势较弱或开始衰败时，应该立即停止施肥。施肥应该遵循少量多次的原则，根内施肥、根外施肥相结合。

三、影响组合盆栽肥效的因素

（一）施肥量

肥料虽然能为植物提供生长所需的养分，但如果施入过多，也会对植物造成较大的伤害。通常情况下，每 6 到 9 天可施一次稀薄的肥水，立秋过后改为每 16 到 19 天施一次。可在后期随着植物的生长而逐渐提升肥料浓度。

（二）施肥位置

施肥的位置主要包括地上和地下两部分。对那些根部较粗壮的植物来说，倘若施肥位置较远，植物便无法很好地吸收其中的养分，那么肥料就无法发挥最佳的效果。因此，在施肥过程中，也要关注施肥位置这一影响肥效的重要因素。

（三）施肥时间

正如人们的一日三餐，植物也需要定时定点地摄入营养成分。合适的肥料也要在合适的时间内施入才能更好地发挥效用。一般而言，当植物的叶子颜色变浅、变黄时，就应该开始施肥了。此外，为了满足植物的生长需求，在枝条展叶、花苗发叶时要及时进行追肥。

（四）施肥温度

肥料的效果与温度的高低息息相关。倘若温度较高的中午或是雨天施肥，就会使植物的根部受伤，因此，最好选在温度适宜的傍晚进行施肥。此外，夏季气温较高，植物生长旺盛，应该多施浓度低一些的肥；深秋、冬季的气温较低，植物的生长比较缓慢，通常不施肥。

（五）肥料品种的选择

不同种类、不同生长阶段的植物，在养分需求上存在着一定的差异，因此，选择合适的肥料是影响肥效的重要因素。许多植物在幼苗时期对磷的需求大，后期对钾的需求大，因此，可选择平衡性复合肥与磷肥作为底肥；植物在进入生殖期前要选用磷、钾含量高一些的肥料；高钾复合肥、水溶性肥料适合作为后期追肥使用。

（六）肥料的品质

不同区域与工艺生产的肥料，在纯度、杂质含量上存在差异，其使用效果自然也会有所不同。所以，使用者在为组合盆栽选择肥料时，也应充分考虑肥料的品质，这样才能保证所用肥料发挥出更大的作用。

第五节　病虫害防治

一、组合盆栽中常见的病害及防治

人会生病，植物也会生病。组合盆栽独特的种植方式，在营造出良好视觉效果的同时，也带来了一定的隐患。不同种类的植物被种植在一起，使得各种病虫害也被混合在一起，再加上强壮植物对弱势植物的抑制，加剧了病虫害对植物的危害。此外，由于盆栽中植物的密度较大，在多雨季节也容易引发病虫害。

植物的病害主要分为三类：第一种，由病毒、线虫引起的病害，如线虫病、病毒病；第二种，由细菌引起的病害，如细菌性萎蔫病、细菌性斑点病、软腐病；第三种，由霉菌引起的病害，如茎腐病、猝倒病、根腐病、白粉病、黄萎病、锈病、霜霉病、炭疽病、疫病、灰霉病。

下面将介绍几种常见的病害及相应的防治措施。

（一）白粉病

这种病害常发生在降雨较多的季节，会对植物的枝条、花柄、花芽以及叶片造成伤害。其主要病状为会使植物的受害位置长出一层白色的粉状物，造成植物发育不良、枝条畸形、叶片发生卷曲或凹凸不平，严重的话还会导致植物死亡。

想要预防白粉病就需要把控好浇水量与氮肥的施入量，为组合盆栽提供良好的通风条件，及时清理盆内腐烂的枝叶。此外，在此病的多发季节，需要向植物喷洒波尔多液，以此来起到防护作用。如果病毒已经开始蔓延，可使用 50% 多菌灵可湿性粉剂 500 ~ 800 倍液体喷雾，并去除已经被损害的枝叶，将其深埋或烧掉。

（二）锈病

锈病主要发生在高温、多雨的季节，会对植物的芽、根茎、叶片造成伤害，其中最常见的便是叶片。植物在遭受这种病害时，初期表现为叶面出现黄色或红色的斑点，后期表现为叶片枯黄、叶背布满黄色或黄褐色的粉末，阻碍植物正常的生长、发育。

锈病的防治需要适当施以钾、磷、氮肥，并为组合盆栽创造适宜的光照、通风条件。花盆中不可过于潮湿，更不能留有积水。一旦植物感染这种病害，要及时摘除病叶，将其深埋或烧掉。倘若病害已经开始蔓延，那么就需要在晴天向植物喷洒 1% 波尔多液，每 7 天喷一次，连续 2 到 3 次，或用 65% 代森锌可湿性粉剂 500 ~ 600 倍溶液喷洒。

（三）炭疽病

这种病主要对植物的茎和叶片造成伤害。其在植物茎部的危害表现为茎上出现淡褐色的圆形或类似圆形的病斑。而叶片上的危害表现为叶尖或叶缘上出现圆形病斑，颜色为暗褐色或紫褐色。

为了防治炭疽病，要使盆栽和盆栽之间留有一定的空隙，切忌摆放过密，还要保证良好的通风与光照条件。倘若植物出现了这种病症，应该先剪去病叶，再用 50% 甲基托布津可湿性粉剂 500 倍溶液进行喷洒，每周一次，连续 3 到 4 次。

（四）黑斑病

黑斑病会对植物的叶片造成危害。发病初期的症状为叶片长出褐色放射状病斑，边缘不明显。后期随着病害的蔓延，逐渐转变为深褐色圆形病斑。严重的话还会出现叶片枯黄、脱落等情况，对植物生长造成严重危害。

在防治黑斑病的过程中，仅保持通风透光的环境是不够的，还要避免花盆中的土壤太过湿润，且施肥时不能将肥水洒到植物的叶片上。一旦发病，需要及时去除病叶，并向其喷洒 65% 代森锌可湿性粉剂 500 倍溶液或 1% 波尔多液，每半月一次，连续 3 到 4 次。

（五）软腐病

这种病害为真菌性病害。在发病时首先会伤害植物的叶柄，使其出现水渍型的病斑，如组织软腐、萎蔫下垂。发病初期可以用链霉素来控制病害的蔓延，保持光照、通风，此外，染病的花盆也需要进行消毒处理。

二、组合盆栽中常见的虫害及防治

组合盆栽的虫害主要分为以下几类：

（一）食叶害虫

食叶害虫，顾名思义，它们会咬食叶片，对植物造成伤害。这种害虫轻者会咬掉部分叶片，影响盆栽美观，重者则会将叶片吃光，使植物无法进行光合作用，造成植物的死亡。常见的有凤蝶、天蛾、刺蛾、粉蝶、毒蛾等。

防治这种害虫的方法是去掉植物上长有虫卵的叶子，并对其喷洒氧化乐果等药物。

（二）吸食植物汁液的害虫

1. 蚜虫

它也被人们叫作腻虫、蜜虫，是比较常见的吸食植物汁液的害虫。蚜虫可分为有翅型与无翅型，有黄色、绿色、浅绿等多种体色。虽然其体型非常小，但繁殖能力非常强。蚜虫经常几十只甚至是上百只聚集在植物的花蕾和枝叶上，吮吸植物体内的营养，对植物造成了极大的危害。轻者叶片卷曲、植株畸形，重者叶片掉落，植物死亡。

当虫害较轻时，可用小毛刷来清除植物上的蚜虫。当虫害较严重时，可用稀释后的药物进行喷洒，以此来起到防治的作用。

2. 红蜘蛛

虽然这种害虫名为"蜘蛛"，但它并不是真的蜘蛛，而是一种螨类。它的体长不足一毫米，体型近似圆形，体色为红褐色或橘黄色。红蜘蛛的繁殖能力很强，特别是在高温干旱的环境下，它能够在短时间内进行大量繁殖。它的分布范围较广，因此各个地区的盆栽都有出现这种虫害的可能。这种害虫会将口器刺入植物内，吸取养分、破坏叶片中的叶绿素，影响植物的生长。严重的话会使叶子表面出现斑块或密集的灰黄色斑点，导致叶片脱落。

一发现盆栽中出现这种害虫，应该马上剪掉受到虫害的叶片，并向植物喷洒稀释好的药剂。

3. 介壳虫

它是一种雌雄同体、种类繁多的小型昆虫，而且大部分的介壳虫身上都带有蜡质分泌物。这种害虫在花卉植物中比较常见，常聚集在植物的枝叶和果子上，吸取植物的汁液，致使植物被吸食部分变黄，严重时还会导致植物死亡。

在种植过程中，如果发现植物上出现了少量介壳虫，可剪掉受到虫害的部分或用小毛刷去除，如果已经开始蔓延，就需要向其喷洒药物进行防治。

（三）地下害虫

地下害虫指的是生长在盆栽土壤内的害虫，它们主要危害植物的根茎和种子。常见的有针虫、双翅目的种蝇幼虫、金龟子的幼虫蛴螬、鳞翅目的地老虎等。

想要有效防治这类害虫，就要在栽种组合盆栽时，做好杂草清除、害虫消杀的工作。肥料需要选择腐熟的，因为未经腐熟的肥料会诱发多种地下害虫。一旦发现土壤中出现害虫，可在植物根部浇灌相应的杀虫药，或将土挖开，捕杀害虫。

第六节　修剪

一、组合盆栽修剪的基本知识

在组合盆栽的养护过程中，为了使其生长得更好、存活时间更长，日常的修剪是必不可少的。

（一）木本植物的修剪

在修剪木本类植物之前，需要对其枝干构成、分枝方式以及枝干类型等内容有一定的了解。

1. 枝干构成

木本类植物主要由主干、主枝、辅养枝、中心主枝几部分构成。

2. 分枝方式

木本类植物的分枝方式有主轴分枝、合轴分枝、假二杈分枝、多歧分枝，详见表3-4。

表3-4　木本植物分枝方式

分枝方式	特点	常见植物
主轴分枝	主轴分枝型的植物长势较强，顶芽健壮饱满，有着通直且高大的主干，侧芽萌发出侧枝，侧枝上的萌芽再以同样的方式进行生长，形成次侧枝	水杉、杨树、广玉兰、雪松、银杏等
合轴分枝	当这一类的植物生长到一定程度时，其顶芽便会延缓生长、分化成花芽或是死亡，再由顶芽下面的侧芽长出强壮的枝条，连接在主轴上继续生长，随后此侧芽的顶芽也会自剪，再由其下方的侧芽替代，以此类推，最终形成弯曲的主轴	黄金槐、紫薇、木瓜海棠、枇杷、山楂、栀子、樱花等
假二杈分枝	假二杈分枝属于主轴分枝中的一种。当这类植物的顶芽形成花芽或停止生长时，顶芽下方的侧芽便会在同一时间萌发，进而形成两个长势均衡、外形相似的侧枝，向相对方向生长，此后再以此方式继续分枝	茉莉、接骨木、石竹、鸡爪槭、丁香、金边黄杨、大叶黄杨等
多歧分枝	这类型的植物通常比较低矮。其顶芽在生长末期的长势较弱，因此会在侧芽之间或顶梢直接长出三个长势相近的侧芽，在下一个生长季节还会在梢端抽出三个以上的新梢继续生长	臭椿、苦楝等

3. 枝干类型

木本类植物的枝干类型共有十种，分别是直立型、斜生型、水平型、下垂型、平行型、内向型、重叠型、交叉型、轮生型、骈生型。

在木本类盆栽的修剪中，以留茬大小为依据，可分为弱修剪和强修剪两种修剪方式。采用哪种方式需要结合植物的具体情况而定，如木槿、茶花可选择弱修剪；而紫薇、月季这类花卉植物，为了第二年的外形与开花，可选择强修剪。

此外，以修剪方式为依据，还可分为短截修剪和疏删修剪。短截修剪指的是将一年生植物剪去一部分，这种方式能够有效控制植物的外形与树冠大小，按照剪除部分的大小还可分为轻短截、中短截以及重短截三种修剪方式；疏删修剪指的是剪去植物枝条自己分生出来的部分，这种方式能减少内冠枝条，调节枝条分布，保持植物内部通风，在一定程度上避免长出堂内枝条。

（二）草本植物的修剪

对大部分的草本植物而言，最为常见的便是对其枯萎、残败或遭受病害的枝或叶的修剪，适当地修剪也有助于植物自身的通风性。但对于那些管理要求不高的马尾铁、巴西铁、欧洲铁等，也可省去日常的修剪工作。

（三）球根类植物的修剪

在以球根类植物为主的组合盆栽中，修剪工作主要集中在花后的枯枝、残花。这类植物的生长周期较短，且其中的大部分都是在开花后开始休眠，所以，及时去除枯枝、残花是其修剪的重点。常见的花卉有风信子、郁金香、百合等。

二、修剪时间

一般而言，植物的修剪可分为生长期修剪和休眠期修剪两种。

那些以杂木类植物为主的组合盆栽，一年中的任何一个季节都可以进行修剪，而松柏类的植物只适合在休眠季节进行修剪。

（一）梅雨季节

在这个时间段内，长时间的降雨会引起空气湿度的上升，植物生长旺盛、长势较好，所以要少剪或尽量不剪。如果剪去大量枝叶，不仅会影响组合盆栽的视觉效果，还会阻碍植物的正常生长，严重时还会导致植物死亡。

（二）秋末

在秋季末期不适宜对组合盆栽进行强剪或重剪，因为被剪后的枝条会逐渐萌发新芽，当寒流来临时，这些嫩芽便会被冻死。植物强剪、重剪的最佳时期是每年的一月或二月。

（三）冬季

冬季是比较适合修剪的时间，在此期间，植物的许多营养都已经被叶片和枝梢运输到根部和主枝干储藏起来，此时修剪对植物的伤害程度最低。再加上叶片脱落，使得修剪者可以更加直观、清晰地观察到植物的树冠结构，更好地预判其长出新梢后的外观形态，方便造型。此外，也有一些不耐寒的植物，不宜在冬季修剪，否则伤口会难以愈合，影响美观。所以组合盆栽的具体修剪时间还要结合盆栽植物的品种进行决定，不能一概而论。

三、常见的修剪方法

通常情况下，对于那些生长旺盛、长势较强的植物可以多修剪，那些长势较弱的植物要少修剪。剪去病态枝、轮生枝、交叉枝、平行枝等，留下集中的枝条，帮助植物更好地生长。常见的修剪方法如下：

（一）盆栽造型剪法

1. 定剪

定剪即定位剪，它指的是组合盆栽的第一次修剪，这种修剪方法能帮助盆栽确定保留的枝条，去除多余的枝条。例如，新栽培成活的植物会长出许多新的枝条，而这时就需要剪掉一部分，保留造型所需的主要枝条，这就是定剪。

由于定剪决定着枝条的位置、数量、间距，会对组合盆栽的造型产生直接影响。所以在修剪前，需要仔细考量，充分把握植栽的形态、特点，并在脑海中构想出想要的造型之后才能开始修剪。此外，保存下来的枝条应该做到整体协调、生长健壮、疏密有致，具备一定的动态感，尽量避免重叠、平行等形态。

2. 缩剪

缩剪的主要目的在于通过缩短植物的枝条，使植栽矮化，树枝饱满且粗细有度，进而实现盆栽造型的塑造。它同样也是保证树木健康生长的重要方式。在利用缩剪进行造型的过程中，需要注意以下几点：

第一，缩剪枝节宜短不宜长；

第二，缩剪过程中要注意芽眼的角度和方向，这样才能为新长出来的枝条留有合适的空间；

第三，要使被剪掉枝条与上节枝条之间有一个恰当的粗细过渡比例。

在为观花、观果类组合盆栽缩剪时，需要根据其习性的不同，选择不同的缩剪时期。对于海棠、石榴、紫薇等在当年新抽枝条上开花结果的植物，应在其休眠期进行缩剪；对于碧桃、梅花、迎春花等在早春开花的植物，应在花后进行缩剪，这样才能使其来年拥有更好的长势。

叶木类盆栽可在初夏、初秋缩剪，休眠期强剪。对于那些在短枝上开花结果多的植物，在春末夏初也可缩剪，再通过提供良好的光照条件，勤施薄肥，提升花果的质量、数量。

3. 疏枝剪

这种修剪方法可以降低虫害，增加通风性，提升盆栽的采光能力、繁殖能力。疏剪的时间会根据弱剪、强剪的不同而存在区别。

一般而言，植物顶端的疏剪量要大一些，而下端的枝条由于比较难长，所以疏剪量应小一些。疏剪对象主要是过于茂密的枝冠以及平行枝、交叉枝、下垂枝等忌枝。在上、下枝冠同等重要的情况下，应当"留下剪上"，使上端枝冠的体量小于下方。在疏剪完成后，树冠的生长会受到一定的限制，进而长出许多新的枝条，应该及时剪掉。

（二）促进植物生长发育的剪法

1. 摘心

这种方法是指摘掉植物新长出来的嫩头，通过抑制新梢来缩短枝节，促进侧枝生长，营造良好的观感。由于植物的萌发期不同，摘心时间也不同。花果类盆栽要结合植物的花果期而定；而木叶类盆栽在新叶展开 2 到 4 片时便可进行摘心处理。

2. 摘叶

这种方法能够起到缩小叶片、提升组合盆栽审美价值的作用。通常情况下，植物的叶子在春季最嫩、观感最佳，但经过夏日阳光的暴晒，叶片便会逐渐失去原本的光彩，而这时，采用摘叶的方法便能使植物再次长出鲜嫩的叶子，呈现出理想的视觉效果。对于木叶类盆栽来说，最佳的摘叶时间是初夏和初秋，在摘叶期间应避免盆土过于潮湿，多施腐熟的肥水，保持通风与光照。当然，摘叶也需要考虑植物的品种，像常绿树这种植物就是不宜摘叶的。

3. 抹芽

有些发芽能力较强的木类盆栽，在生长期会萌发出大量的腋芽、干芽或根芽，这些芽会对植物的生长产生不利影响，因此应当及时抹去。在抹芽过程中，需要注意芽的密度、方向、位置。这样才能避免长出重叠枝、对生枝、交叉枝等忌枝。

第七节　组合盆栽养护管理实例

一、红掌的养护与管理

红掌又名安祖花、红鹤花，是组合盆栽中较为常见的一种植物。它具备艳丽的苞片以及翠绿的叶子，能够给人带来热烈、热血的感觉。

（一）光照

对红掌而言，光照是影响其花与叶产量的重要因素。倘若光照不足，在光合作用的影响下植株所产生的同化物便会很少。当光照过强时，植株的部分叶片就会变暖，可能会出现叶片变色甚至是焦枯的情况。所以，光照管理得成功与否，直接影响红掌产生的同化物数量以及后期的产品质量。为了避免红掌的花苞变色或灼伤，需要对其进行一定的遮阳保护。温室内红掌光照的获得可通过活动遮光网来调控。例如，在阳光较强的晴天，可遮掉 75% 的光照，而阴雨天或早晨、傍晚则不用遮光。

然而，当红掌处于不同的生长阶段时，它对光照的要求也会有所不同。在营养生长阶段（平时摘去花蕾）对光照的要求较高，为了使其能更快更好地生长，可以适当增加光照；开花阶段对光照要求低，可用活动遮光网对其进行遮光处理，避免因花苞变色而降低盆栽的观赏性。

（二）水分

在浇灌盆栽红掌时，最佳的水源便是天然的雨水。此外工厂生产出来的 pH 值保持在 5.2～6.1 的自来水也是非常好的选择。

除了光照条件外，红掌的不同生长阶段对水的要求也是不同的。例如，在幼苗阶段，红掌的根系较弱、在土壤中分布较浅，无法抵挡干旱，所以在浇水时应一次性浇透水，使盆土保持湿润，这样更容易长出新芽；中、大苗阶段，植株生长迅速，需要的水量也有所增加，所以要保证水分充足；到了开花阶段，需要浇少量的水，并增施钾肥和磷肥。在为红掌浇水时还需注意一点，那就是干湿交替进行，切忌在其严重缺水的情况下浇水，否则便会对红掌的正常生长产生不良影响。

（三）栽培介质

因为红掌是一种喜湿热的植物，需要排水性较好的栽培环境，所以它的栽培介质通常都是人工合成的。常用的栽培介质有火山土、珍珠岩、泥炭土、树皮、椰子壳、木屑、稻壳等。通常情况下，这些介质不会单独使用，而是要在充分结合植物生长特性的基础上进行搭配组合。红掌的栽培介质需要具备良好的通气性以及较高的腐殖质含量，可用大量的泥炭土，少量的粗河沙、珍珠岩来调制。

（四）温度

红掌对温度的要求主要取决于它所处的气候环境。温度和光照之间的关系非常重要。通常情况下，晴天温度需 20～28℃，湿度需在 70% 左右，阴天温度需 18～20℃，湿度需在 70%～80%。总体而言，温度不应超过 30℃，湿度要保持在 50% 以上。

在高温季节，光照较强，室内的温度也会很高，这时可通过通风设备来降低室内温度，防止花芽畸形；也可借助雾化系统、喷淋系统来增加空气湿度，但要保证夜间植株不会太湿。在寒冷季节，当室内昼夜气温低于 15℃ 时，应及时加温，当气温低于 13℃ 时，要用加温机进行加温保暖，以此来保证植物的正常生长。

（五）湿度

红掌喜湿，此处的"湿"指的是空气中的相对湿度，而并非植物的含水量。湿度是一个变量，当温度上升、干旱风较强时，湿度就会降低。通常情况下，红掌的湿度应保持在 70% ～ 80%。倘若湿度较低，植物处于缺水状态，便会出现叶缘干枯、叶片不平整的情况。

（六）肥料

红掌的施肥要遵循少量多次的原则，肥料含量宁稀勿重，不然便会损伤植株的根部，妨碍其正常生长。红掌的栽培介质往往渗透性比较好，所以在施肥过程中应以追肥为主，每 2 ～ 3 个月可追肥一次。一般而言，对红掌根部施肥的效果要优于对其叶片和根外追肥的效果，其主要原因在于，红掌的叶片表面有一层蜡质，这层蜡质会阻碍叶片吸收肥料。

如果要用液肥，就需要遵循定期定量的原则，在夏季需每两天浇一次肥水，气温高时可多浇一次；秋季需每隔 3 ～ 4 天浇一次肥水，气温高时可 2 ～ 3 天浇一次；冬季需每 5 ～ 7 天浇一次肥水。

（七）病虫害防治

由于红掌对杀虫剂、杀菌剂非常敏感，所以不应在高温高光照时间内喷施。北方地区夏季的高温时间内不宜喷施，可早上或傍晚喷施；冬季可在上午喷施，倘若在下午喷施，便会因温度的快速降低而产生"温室雾"，加速病菌的传播。

1. 红掌的细菌性病害防治

这种病害很难解决，所以需要以预防为主。预防方法包含以下几种：第一，肥料预防，即在红掌的生长过程中尽量不用高 NH_4^+ 的氮肥；第二，药物预防，即定期向红掌喷施特定的杀菌药物；第三，环境预防，即对种植红掌的室温进行严格控制。

2. 常见的虫害及防治措施

对红掌而言，比较常见的虫害就是介壳虫、红蜘蛛、白粉虱、线虫、菜青虫等，其中以红蜘蛛、菜青虫、线虫为主。因为红掌对杀虫剂非常敏感，所以在使用时一定要控制好用量，特别要注意硫磷、甲胺磷等会对红掌产生毒害的药物。

二、发财树的养护与管理

发财树也被叫作瓜栗，它有着亮绿色的叶子、锤形的树干，常被用于室内的装饰美化。

（一）光照

虽然发财树是一种强阳性植物，但是它的整体适应性较强，既喜光又耐阴，无论是在全日照、半日照还是在荫蔽的环境中都能正常生长，但如果长时间将其放在阴暗处，也会对其长势产生一定的不良影响。所以在养护管理的过程中，应为其提供充足的光照条件，且在摆放时要使其叶片面向阳光。

此外，由于 6～9 月的光照较强，所以要对其进行适当性的遮光处理，避免光照过强导致叶片枯焦。在室内栽培观赏发财树时，应将其摆放在具备一定散射光的位置，照射时间不宜超过 30 天，倘若出现生机转劣徒长的情况，需要使其循序渐进地接受阳光，以此来避免植物因无法适应光照而枯萎。

（二）水分

水分是维持植物生长的重要条件。在发财树的养护与管理过程中应使盆土保持湿润，不干不浇，如果盆土过于潮湿滞水，就会导致其生长不良甚至根部腐烂。但盆土也不宜太干，特别是在晴天以及空气较干燥时，需要向其喷洒适量的水，以此来保证叶片的光泽度。在春、秋两季可结合具体天气情况决定浇水频率，通常为每 5～10 天浇一次水；在夏季，可每 3～5 天浇一次水；在冬季，浇水频率需要结合室内温度而定，如果室内温度在 12℃ 左右，可每月浇一次水。

（三）栽培介质

通常情况下，发财树的栽培介质需要由泥炭土、粗砂、腐叶土来进行调制。当小苗上盆后，往往会出现顶端优势，这时如果不对其进行摘心处理，就会让单秆径直上长；如果剪去其顶芽，便能促使发财树长出侧枝，茎的基部变得更加膨大。

由于该树种对盆土要求比较严格，喜排水良好、含腐殖质的酸性砂壤土，在家庭组合盆栽中，如果长势过旺，容器较小，也可在温度较高的七、八月份，趁着植物正处在半休眠状态时换盆。

（四）温度

发财树是一种喜温植物，不耐寒，最适宜其生长的温度为 18～30℃，冬季的最低温度为 16～18℃，倘若低于这一温度，植物便会出现变黄、脱落的情况，一旦低于 5℃ 便会死亡。

（五）肥料

发财树在栽植上盆前，就要做好配土工作，并且在土壤内施加足量的基肥，保证底肥充足。这样在刚刚种入盆土时，发财树也不会因为缺少营养，而出现磨合不当、定植失败的情况。根茎也可以迅速、健康地成活。

1. 春秋季追肥

春秋季气候条件适宜、降水湿度适中，也是发财树的生长旺季，为了能够满足发财树快速生长的需求，以薄肥勤施的方式，每隔 15 ～ 20 天追施一次肥，促进根茎部位的生长以及整株对营养的吸收和传输。

2. 冬夏季施肥

冬、夏两季是一年中气候比较极端的季节。在这两个季节中，发财树的发育速度会减缓，对营养的需求量也会随之下降。此时肥料的使用量不要太大，以免灼伤茎枝。最好是直接停肥，避免形成肥害，导致发财树根茎腐烂。

需要注意的是，在为发财树追肥时，无论是什么肥料，都需要稀释之后才可使用。施肥最好配合浇水一起进行，不要在阴雨天气下追肥。一旦出现肥害，应尽快用清水冲洗盆土或换盆。

（六）常见的病虫害

发财树常见的病虫害有炭疽病、根（茎）腐病与红蜘蛛。如果发财树感染了炭疽病，可用 50% 百菌清可湿粉 800 倍或 50% 多菌灵 600 倍液进行防治，每隔 7 ～ 10 天喷一次。根腐病发病初期应喷洒 50% 杀菌王水溶性粉剂 1000 倍液，每 10 天喷一次，连续防治 2 ～ 3 次，若腐霉病菌活跃，则用普力克、土菌灵、雷多米尔或疫霜灵喷施，通常药效在两周左右。此外，如果迟迟不见成效，则需改用其他的药剂喷施，以防植物产生抗药性。倘若在此过程中出现了溃烂植株，应立即丢弃。

当发财树处于生长阶段时，应该保证良好的通风条件，如果通风不畅，便会容易受到尺蠖、菜青虫、红蜘蛛等虫害的威胁。一旦出现虫害应立即喷药或捉除，如每隔 7 天喷施一次 40% 氧化乐果 800 倍。

（七）修剪整形

发财树的修剪整形强度需要根据树冠的具体形态来决定。针对影响树冠造型的徒长枝，应从叶节以上 3 厘米剪除枝梢。如果顶端枝全部萎蔫，可从适当部位进行平茬修剪，促使其重新发芽。发财树每年都会从顶端长出 2 ～ 5 层的掌状复叶，而下层的老叶每两年自然脱落 1 ～ 3 层。为了更方便管理，可以将发财树盆栽的高度控制在 1.5 米内。如果出现过高的情况，可进行平茬处理，使之萌生侧枝，树冠增大，提升美观度；如果发财树的树冠叶节短、叶轮多、叶层丰厚，应将树冠部位辫尾处小心解开，使树冠松散，看起来更加蓬松有致。

（八）换盆

由于发财树的根系发达，生长速度较快，所以应该每隔两年换一次盆，而换盆的时间应该选择早春或深秋。换盆前不要浇水，待盆土收缩与盆壁分离。拍打敲击盆壁、盆底，整株取出土坨。倘若不易取出，可沿盆壁隙轻轻注水，让水渗入盆底，再抓着根茎来回摇动，便可取出。切忌掏挖盆土。倘若新买的发财树长势较旺，花盆无法容纳，也可在七、八月份，利用植物高温期半休眠状态换盆。在栽植过程中也可根据根系的生长情况进行适当修剪，剪掉那些朽根绕缠过多的须根，抖去部分板结的原土。分盆垫 5 厘米营养土（不施基肥），放几块马蹄片。土埋至茎基以下，不宜深栽，使膨大肥圆的茎基裸露盆面。栽后浇水，放在阴处缓苗，三周左右正常管理。

三、文竹的养护与管理

文竹也被叫作云竹、云片松、山草、刺天冬，它的茎分枝极多，叶片鲜绿色，呈羽毛状。

（一）文竹的生长特性

文竹适合生长在空气湿润、温暖、通风较好的环境中。文竹的耐寒、抗旱能力较弱，忌风干、忌霜冻。最适合其生长的温度为 15 ～ 25℃。在夏季，如果室温超过 32℃，文竹便会出现生长停滞、叶片变黄的情况。

（二）光照

与大部分盆栽植物相比，文竹对光照的要求不高。在夏季、秋季时，应将其放在半阴通风处，避免阳光暴晒；在春季、冬季时，应将其放置于室内向阳避风处。

（三）水分

文竹喜湿润，怕涝。倘若在养护过程中浇水次数过多或使盆土长时间处于过湿状态，便会导致其叶片发黄，甚至根系腐烂。倘若水分不充足、盆土过于干燥也会引起焦梢或黄叶。为文竹盆栽浇水时应遵循见干见湿的原则，即盆表土发白时就要浇透水，也可大、小水交替进行，即每浇 3 ～ 5 次小水之后，浇 1 次透水，浇透后，水能迅速从盆孔处流出，使盆土保持 20% 的湿度为宜。夏季植株生长旺盛，同时蒸发量大，每天早、晚都应适当浇水或在叶面喷水，水量可以稍大一些；冬季气温较低，植株处于休眠期，应减少浇水量。

（四）栽培介质

文竹的栽培介质不仅要酸碱度适宜，还要具备排水性好、疏松、腐殖质含量较高的特点，可以将田园土、腐叶土、腐熟有机肥、沙壤土按照 4 ：2 ：2 ：2 的比例进行配制。

（五）施肥

在为盆栽文竹施肥时，应勤施稀薄肥水，避免使用浓肥、生肥。因为如果肥料的浓度过大，就会使文竹的枝叶变黄。在春季和秋季时，可使用充分发酵腐熟的鸡粪、饼肥、蹄片水、蛋壳水等有机肥，浓度以三成肥、七成水为宜，每隔 10～15 天施一次。或将少许颗粒肥拌入土中。在夏季和冬季时，应少施肥或不施肥。对文竹而言，株型宜小不宜大，较大的株型会使其枝杈横生，美观度受到影响，所以氮肥不宜施放过多。

（六）病虫害防治

文竹比较常见的病害有灰霉病和叶枯病，如果感染，可用 50% 甲基托布津可湿性粉剂 1000 倍液喷雾防治。在夏季，文竹容易受到蚜虫、介壳虫的危害，如果数量较少，可通过人工捕杀的方式来解决，如果虫量较大，可用 48% 乐斯本 1200 倍液，或 40% 速蚧克乳油 1500 倍液防治。

（七）修剪整形

为了使文竹保持苍翠清秀、枝叶叠层的姿态，就需要对其进行定期修剪整形。通常情况下，一年生的植株，不会长出具有攀缘性的新枝。可结合设计需求，使其攀附生长，也可对其进行修剪整形。修剪整形主要是对老枝进行不同高度的修剪，使其从上面叶基处长出新枝叶，以营造出不同层次的整形效果。

为了保证文竹的正常生长和株形美观，在其生长过程中需要剪掉过密枝、枯枝、弱枝、病虫害枝，以利通风透光，方便后期的养护。一旦发现徒长型的新枝，应马上摘去芽尖生长点，避免枝条过长而变成攀缘型枝条。当新芽长到 2～3 厘米时，摘去生长点，不仅能促使茎上再长出分枝和叶片，还能有效控制其不长蔓，使枝叶平出，株形不断丰满。此外，也可用盆控法限制根系的生长，保持株形大小不变，即花盆与植株的大小比例应为 1 ：4。利用文竹生长的向光性，适时转动花盆向阳的方向，可以修正枝叶生长形状，保持优美的株形。随着植株生长，后来的枝条会长成攀缘型，这时如果能因势利导，便能使文竹呈现出许多新颖、美观的造型，如虬枝形、桶柱形、悬崖形等。

第四章　盆栽容器选择

第一节　盆栽容器选择的原则

一、大小、深浅适宜

在组合盆栽中，花盆不仅是容纳植物的器皿，也是具有观赏价值的艺术品，盆栽容器的大小、风格、颜色等方面的选择与组合盆栽所呈现的视觉效果息息相关。虽然盆栽容器的选择不存在绝对的标准，但也是有迹可循的。

盆栽容器的选择，最先要关注的就是盆的大小、深浅，因为这一选择将影响到植物的生长趋势。通常情况下，盆栽容器的口径要与植物的冠径相等或略小一到三厘米。倘若花盆过大就会显得空虚无物，还会出现浇水浇不透的情况；而花盆过小，则会显得拥挤局促，阻碍根系发展。倘若花盆过深，便很难掌控水量、肥量，排水较慢；而花盆过浅，则不利于稳固植物，影响根系生长。

二、与植物风格相符

在为组合盆栽选择花盆时，除了要保证植物的健康生长，还要兼顾盆栽的整体美感。不同外形的花盆，所呈现的风格也是不同的。例如，方形的花盆显得刚直，圆形的花盆更显柔美。而植物本身也有刚柔之分，一般而言，笔直坚硬的枝干为刚，弯曲下垂的枝干为柔。合适的搭配能起到锦上添花的作用，不合适的搭配则会降低盆栽的观赏性。所以在为植物选择容器时，应该尽量选择与植物风格相匹配的。

三、与植物的色彩协调

在组合盆栽中，植物是主角，花盆是配角，所以花盆的颜色不能喧宾夺主，要与植物相协调，做到主次分明、相辅相成。

不同的颜色所产生的效果也是不同的，如黄色能让人联想到秋景与落叶，绿色能让人联想到郁郁葱葱的森林、草原。

盆栽容器颜色的选择通常以淡雅、素净为主，可古朴庄重，可秀丽明亮。在某些时候，为了突出主体，也会使用艳丽或对比色彩的花盆。一般而言，观叶类的植物适合搭配颜色比较素净、雅致的水泥盆、紫砂盆等；而观花、观果类植物则适合搭配颜色与花色、果色、叶色相符的各色釉盆。

第二节　盆栽容器的材质选择

一、陶器

陶质的盆栽容器具有多种风格，如现代风、乡村风以及古典风等。陶质盆由陶土烧制而成，主要包含两种类型：一种是素陶盆，另一种是釉陶盆。

（一）素陶盆

素陶盆指的是不上釉色的陶制盆栽容器，由于其表面有一些微小的气孔，所以排水性、透气性较好，再加上它保留了陶土烧制后原本的颜色，所以能够给人以朴素、自然之感（图4-1）。

图4-1　素陶盆

（二）釉陶盆

釉陶盆是在素陶盆外涂上一层彩色的釉而制成的。与素陶盆相比，其色彩与样式多样，外形美观，质地更加坚实，常被作为龟背竹、马蹄莲、鸭舌草、旱伞草、蕨类等耐湿性植物的栽种容器。但它也存在着不足之处，由于釉陶盆的内外都被涂上了一层彩釉，而这层彩釉就如玻璃一般，大大降低了其原本的排水性与透气性。如果普通植物使用了这种花盆，不仅无法得知盆土的干湿情况，还可能会在植物的休眠期，因浇水过多而导致植物的根部腐烂。对此，人们也制造出了一种只在外壁上釉的陶盆，这样一来，不仅能够保留陶盆原本的疏水性、透气性，还能具备美丽、典雅的外观（图4-2）。

图4-2　釉陶盆

二、石材

用石材雕刻而成的盆栽容器，往往拥有着一种天然之美，在与盆内植物相结合后，能给人带来一种独特的视觉体验（图4-3）。

图 4-3　石质盆栽容器

　　石质盆栽容器非常适合摆放于户外，其厚实的容器壁不仅能够在一定程度上保护植物的根系，还具备一定的保湿性。此外，在风雨后，历久弥新的石质盆栽容器也能呈现出一种独特的视觉效果。在使用石质盆栽容器时需要注意：第一，刚制成的容器看起来会比较生硬，可以用专门的老化溶剂进行做旧处理；第二，避免种植头重脚轻、根系不稳固的植物；第三，要充分考虑与植物、周围环境之间的协调性。

　　常见的石质盆栽容器有以下几种：

（一）砂岩花盆

　　这种花盆有着庄重柔和的外观，耐磨性强，吸水性好，硬度适中，花色繁多，能够彰显出组合盆栽高雅的格调。此外，砂岩花盆的使用寿命较长，保养起来也十分简单、方便。

（二）花岗岩花盆

花岗岩花盆的质地具备吸水性低、耐磨损、耐腐蚀、抗风化、坚硬致密等诸多优势，不仅颜色漂亮，还能长时间保存。

（三）大理石花盆

这种花盆是由上好的大理石雕刻而成的，其质地较好、颗粒细腻、款式多样，能够给人带来稳重的感觉，但不宜摆在桌面上。

三、金属

金属盆栽容器是由铁、青铜、黄铜、不锈钢等材质制成的。它能够被塑造成其他材质所无法呈现的外形，在体现植物原本的自然之美的同时，还能营造出一种极具野性的风格。此外，由于金属材质反光的特性，使得它在照明条件较差的地方也能彰显出自身的存在感。采用金属质容器的盆栽非常适合摆放在时尚感、现代感较强的空间内（图4-4）。

图4-4　金属质盆栽容器

在使用金属质盆栽容器时，需要注意：

第一，部分金属容器的底部没有排水孔，所以在使用前要自行打孔；

第二，可以在容器的内壁上涂上一层绝热薄膜，这样便能保证盆内的植物在冬季不冻伤、夏季不热伤；

第三，对于那些可能会生锈的容器，要经常对其表面的涂漆进行检查。

四、木材

木头是一种极具自然性的材料，由木材制作的盆栽容器，有着较强的保肥性、保水性、透气性。它的重量轻、造价低，可根据植物的大小、高矮来进行制作，不存在固定的规格（图4-5）。如果在木质盆栽容器表面雕刻上精美的图案、纹饰，便能极大地增强组合盆栽的艺术效果。

但木质盆栽容器也存在着一定的不足。例如，寿命较短，容易因受到微生物、水分以及肥料的侵蚀而腐烂，特别是在潮湿的地方，更容易滋生细菌、发霉。所以在选用这种材质的盆栽容器时要慎重考虑。

图 4-5　木质盆栽容器

五、合成材料

随着科学技术的不断进步，现在已经出现了许多由合成材料制成的盆栽容器，如仿瓷、仿红陶等，这种容器不仅外形与瓷器、陶器等十分接近，还非常轻便，人们能够轻而易举地移动。即便不进行涂漆保护，它们也不容易破裂。常见的盆栽容器合成材料有塑料、树脂等。

（一）塑料材质的盆栽容器

塑料制成的盆栽容器，质量较轻，不易破碎，盆壁内壁光洁，不仅使用起来非常方便，还易于清洁和消毒（图4-6）。它凭借着轻巧美观、款式多样等优势，成为了许多盆栽种植场所的主要选择之一。

图 4-6　塑料材质的盆栽容器

由于塑料材质的盆栽排水性、透气性较差，所以更适合用来栽种马蹄莲、龟背竹、旱伞草等耐湿性的植物，或冬珊瑚、夜丁香、蕨类、吊兰等喜温植物。

（二）树脂盆栽容器

树脂盆栽容器主要是由树脂材料制成的。它具备抗摔、抗腐蚀等特点，可与景色、动物、卡通人物等进行结合，观赏性、艺术性较强。由于树脂盆栽容器在生产过程中几乎不会产生污染，且在废弃后可自然降解，所以它也是一种环保性的产品。

六、玻璃

玻璃质的盆栽容器主要由玻璃制作而成。它具备以下特点：

（一）不易摔碎

由于制作盆栽容器的玻璃通常是钢化玻璃，所以不像普通花盆那样容易摔碎。

（二）具有审美价值

玻璃本身晶莹剔透，可以被塑造成许多新颖、美观的造型，对组合盆栽起到画龙点睛的作用。此外，在光的照射下，玻璃盆栽容器的表面还会折射出耀眼的光芒，大大提升了组合盆栽的观赏价值。

（三）物美价廉

玻璃材质的组合盆栽不仅外形美观，其价格也比陶瓷花盆要低，对盆栽种植者而言是一种经济实用的选择。

（四）便于观察植物

玻璃是透明的，采用玻璃材质的盆栽容器能更加直观地了解到植物的生长状况，及时浇水。

玻璃是一种比较常见的时尚元素，将其制成吊挂式的花瓶、玻璃花盆，放置于屋内的某个角落，便能营造出一种宁静、闲适的氛围（图4-7）。在选择玻璃材质的栽培容器时，要注意容器造型与植物的大小、造型、色彩以及周围环境的搭配。比较适合在玻璃盆栽容器中种植的植物有常春藤、富贵竹等。

图 4-7　玻璃质盆栽容器

第三节　盆栽容器的外形选择

一、浅盆

在组合盆栽中，使用浅盆有以下几点好处：

（一）改变叶片形态

如果盆栽造型中保留的枝干较少的话，就需要对叶片提出更高的要求，即叶片需要又小又密，这样才能弥补枝干较少对造型产生的影响。倘若用又大又深的盆来栽种的话，叶片会吸取到非常充足的养分和水，变得又大又稀疏，观赏性较差；而使用浅盆的话，叶片便会处于养分、水分不完全充足的状态，变得又小又密，观赏性较强。

（二）维持造型

在组合盆栽中，熟桩只需维持好现有的造型即可，所以要将后续长出的枝叶剪掉，阻止其继续生长。新种的桩材也要按照设计好的造型剪掉大部分枝叶。这些植物在后续的生长过程中不需要过多的水和土壤，因此可以选用少土的浅盆，以此来更好地维持现有造型。

（三）便于搬运

组合盆栽大部分都是被摆放在桌面上欣赏的，而浅盆中的土壤较少，重量相对较轻，搬运起来也更加方便。

（四）提高观赏价值

浅盆对组合盆栽外形的作用一方面体现在它能够延缓植物的生长速度、维持盆栽的造型；另一方面体现在浅盆自身就具有一种开阔的气势，可以对组合盆栽起到锦上添花的作用（图4-8）。

此外，运用浅盆来设计组合盆栽也能展现出栽培者自身的功力。

但在选用浅盆时需要注意两点：第一，应尽量选择底部除了有主排水口外，还有许多小孔的盆，因为这些小孔不仅有利于排水，还能用来穿那些用来固定植物的金属线，保证植物的稳固性；第二，由于浅盆只能盛下一层较薄的土壤，所以需要使用保水性较好的栽培介质，并在盆土表层铺上一些较重的碎石或青苔来进行保护，以免被雨水冲刷而导致根部裸露。

图4-8 浅盆

二、圆盆

在组合盆栽的设计过程中，为了使整个作品看起来更加协调，设计者往往会将植物的根部栽种在花盆的正中央，当上方的枝叶向四周散开生长时，便会形成一种和谐的美感。而圆形盆栽容器本身有着非常柔美的线条，与植物的线形枝叶组合在一起，更能发挥各自的优势（图4-9）。

圆盆在市面上较为常见，有着许多不同的规格，且换盆也更加方便，对组合盆栽栽培者而言，不失为一个好的选择。

图 4-9　圆盆

三、正方盆

正方盆和圆盆的中心位置是相同的。与圆盆相比，虽然正方盆的规格比圆形花盆要小一些，但它的空间利用率更高，能容纳更多的土壤，再加上它有着笔直的线条，所以非常适合种植那些根系较为发达、枝丫线条富有变化的植物（图4-10）。

图 4-10　正方盆

121

四、长方盆与椭圆盆

虽然长方盆、椭圆盆之间的关系与正方盆和圆盆之间的关系一样，但这两种花盆形态却为组合盆栽设计提供了更多选择。当植物位于花盆的中心位置时，术语上被叫作五五位，如果偏右或偏左便是六四位，除此之外还有三七位和二八位的配置方法，不同的配置方法能够展现出不同的韵味。

（一）长方盆

长方形的盆栽容器如果能够把握好对角线的比例，再结合植物自身的独特形态，也能设计出极具审美价值的景观。例如，在设计过程中可将植物的根部种植在靠近盆外侧的地方，使植物上方的枝丫倾向于另一边，枝丫下方便会出现一个令人遐想的空间（图4-11）。此外，也可利用风景照的原理，在花盆中的一角营造景观。

图 4-11　长方盆

（二）椭圆盆

盆口为椭圆形的花盆，其自身所具备的柔和的曲线能够给人带来一种纵深感，引发人们的无尽联想与想象，仿佛盆内的植物将从盆的边缘无限延伸出去（图4-12）。

图 4-12　椭圆盆

五、高盆

高盆指的是宽度小于高度二分之一的盆栽容器。它有着和方形盆、圆形盆相同的外形，是悬崖或半悬崖式盆栽的最佳选择（图4-13）。

这种盆栽容器的盆身较高，保水性较好，但土粒间的毛细作用较强，排水性较差，所以在使用时需要尽量选择粗粒的土质来搭配。此外，由于高盆的稳定性较差，再加上盆内植物大部分都是向外倾斜的，因此在选择这种容器之前，也要充分考虑安全因素。

图 4–13　高盆

六、广口盆

广口盆指的是一种盆外缘向外张开的盆栽容器，由于其外形近似斗笠，所以也常被人们称为"笠形盆"（图 4–14）。

因为广口的盆壁非常倾斜，栽培介质也很难支持植物的根系生长，所以这种花盆主要被用来栽种那些丛生状的小型植物。但如果栽种者的技艺非常娴熟，也可用其栽种树体纤细、枝条稀疏的文人树。

图 4–14　广口盆

七、盆缘比盆身窄的盆

虽然这类盆栽容器的盆缘比盆身要窄，但却有着大大的"肚子"，稳重又不失趣味性（图4-15）。

盆缘比盆身窄的花盆可以更好地稳固植物根部，保证植物的正常生长。但不宜种入根系发达或容易硬化的植物，不然将会影响后期换盆。

图4-15　盆缘比盆身窄的盆

第四节　盆栽容器的大小、深浅选择

一、盆栽容器的大小选择

在盆栽容器的选择中，保证植物的正常生长是第一位的，而盆栽容器的大小便是对植物生长影响最大的因素之一。

盆栽容器大小选择的原则为体形较大的植物选大盆，体形较小的植物选小盆。如果将体形较小的盆栽种在较大的盆中，便会让植物显得瘦弱无力，给人以空旷、空虚之感；如果将体形较大的植物种在小花盆中，就会显得头重脚轻、比例失调，还会使植物根系舒展不开，生长停滞。

关于花盆大小的选择可参考下表（表4-1）。

表4-1　花盆大小选择参考表

叶片情况	每盆栽种株数	花盆尺寸	口径 × 高 × 底径
1片叶小苗	4～6株	3寸	10cm×11cm×8.5cm
2～3片叶小苗	2～3株	3寸	10cm×11cm×8.5cm
3～5片叶大苗	1株	3寸	10cm×11cm×8.5cm
5～8片叶大苗	1株	4寸	13cm×13cm×11cm
8～10片叶大苗	1株	5～6寸	20cm×16cm×13cm
10～15片叶成龄株	1株	6～7寸	23cm×20cm×15cm
15～20片叶成龄株	1株	8寸	26cm×22cm×18cm
20～25片叶成龄株	1株	10～12寸	40cm×28cm×22cm

二、盆栽容器的深浅选择

（一）木本类植物选择较深的盆

木本类植物的根系更容易纵向发展，所以在为白兰花、木本海棠、桂花等木本类植物选择盆栽容器时，应选择深一些的。倘若用浅盆便会限制植物根部的生长，使植物的高度降低。

（二）灌木类的花卉选择深浅适中的盆

在为杜鹃花、茉莉花、月季等灌木类花卉选择盆栽容器时，要充分考虑到植物根系的横向发展与纵向发展，既要考虑植物的高度，又要考虑植物的分枝性能，所以应该尽量选择深浅适中的盆栽容器。

（三）毛细根不丰富的植物选择深盆

毛细根不丰富指的是植物根部只是一味地纵向发展，而不容易分叉，这样的根系纵向发展旺盛，横向发展孱弱，所以具有这种根系的植物（如各类兰花），应该选择深一些的盆，这样才能使其根部得到更好的生长。此外，为了避免中下部的盆土过于潮湿而使植物烂根，花盆的材质还应具备良好的透气性、排水性。

（四）毛细根较丰富的植物选择浅盆

与各类兰花相反，菊花、多肉植物、长寿花、草本海棠、矮牵牛等植物有着丰富的毛细根，横向发展旺盛，纵向发展孱弱。如果为其选择深一些的花盆，会严重阻碍盆栽的透气与排水，导致植物烂根或缺氧。因此，对于毛细根比较丰富的植物，应该选择浅一些的花盆栽种。

（五）容易烂根的植物选择浅盆

在组合盆栽中，有一部分植物比较容易出现烂根的情况，如茶花、金钱树、发财树，栽种这类植物的花盆必须具备良好的透气性，而最好的选择便是浅盆。但有一部分植物用浅盆栽种会降低美观度，想要解决这个问题，可以采取以下方法：第一，用高大的盆栽种这类植物，但要在花盆底部填充陶粒、瓦片等；第二，用浅盆栽种，在浅盆外面套上一个高大的盆套，如此一来，既保证了美观性，又可以避免植物烂根。

（六）想要抑制根系发展选择小盆、浅盆

在组合盆栽设计中，有时为了作品的整体效果，不需要植物长得过大、过高，这时便可选择小盆、浅盆栽种。其主要原因在于小盆、浅盆能

够限制植物根系的生长，根系无法自由生长，植物自然也就不能长大、长高了。以长寿花为例，如果选择大盆、深盆来栽种，它便会枝叶繁茂而不易开花，如果选用小盆、浅盆，则更容易开花。

（七）爬藤类的植物选择纵横比例相当的盆

如果要栽种飘香藤、铁线莲、绿萝等爬藤类的草本植物，最好选择纵横比例差不多的花盆。例如，花盆的口径为 20 厘米，那么深度最好也是 20 厘米。此外，这类植物的花盆要比普通花盆大一些，这样才能使其根系更加繁茂，长出更多的藤蔓。

制作篇

第五章　根据场所的组合盆栽创新设计

第一节　庭院

现如今，很多都市人都非常渴望拥有一片属于自己的园林空间，但对于很多居住在大城市的人来说，城市土地资源比较有限，再加之令人望而却步的地价，致使坐拥庭院成为了大部分都市人可望不可即的梦想。但是，通过组合盆栽的方式也能帮助都市人实现坐拥庭院的梦想。具体来说，可以将一些栽培植物组合在一起，并使用容器进行管理，营造一个缩微式的庭院景观。通常情况下，可以运用老化、整枝等园林栽培艺术，使得原本生长于大自然的树木转移到大小适宜的容器中，并且充分体现其自然生长时的姿态，以供人欣赏，但这种方法不仅价格昂贵，还会耗费大量的时间、精力。而通过对庭院组合盆栽进行创新设计，运用组合的方法对多种习性相近的植物进行搭配，高效地营造缩微式庭院景观（图5-1），不仅省时省力，所需费用也能被大部分都市人所接受。因此，为庭院设计创新型的组合盆栽具有重要意义。

图 5-1　缩微式庭院景观

一、庭院组合盆栽创新设计概念

虽然是为庭院设计缩微式的庭院景观，但也并不是将植物简单地组合起来即可，而是应该首先形成可行性的构思，最简单的就是营造一个自然的景观，在正式设计组合盆栽之前，在认真、仔细观察和体验的基础上，在自己的脑海中进行一系列构思，深入思考庭院设计应该融入的元素，以浓缩、概括自然的山水景物，再通过组合盆栽空间呈现出来，使大自然的风景集中到一起，并充满意境。虽然这种方法是对自然景观的浓缩，但是对所选组合植物的高低、距离的远近、大小的比例以及色泽的搭配，都需要经过全面、深入的思考以及精密的布置。

通常来说，比较高的植株适合充当背景，比较矮的植株适合充当中景和前景，或者在中间位置安排比较高的植株，在其周围放置比较矮的植株，这样能大大提升作品的审美性。在配置植株的过程中，线条、叶干质地、树形、比例等方面要体现出有规律的变化和差异，以彰显植株的多样性。与此同时，还需要保证不同植株之间具备相似性，体现统一感。在对庭院组合盆栽进行设计时，可以采取烘托、对比等手法，若想突出体现某些植物，可以选择具有明显颜色对比的种类，或者利用光线的明暗突出主题。例如，如果想营造出森林的意境，尽可能选择原生种类的植物，如观叶植物、蕨类植物（图5-2）；如果想营造出沙漠的意境，尽可能选择多肉植物、仙人掌类植物，同时搭配一定的细沙、蛭石来制造荒芜的感觉。

图5-2　丛林盆景

总之，利用有限的容器，要想营造出浓郁的庭院意境，要尽量设计迷你型庭院，通过简单的设计突出特定的庭院意境。为了达到营造特定意境的目的，可以采取借景的方式，选择相关饰物，设置合适的大小比例。

二、庭院组合盆栽设计的风格

根据风格的不同，可以将庭院建筑分成东方庭院、西方园林。其中，东方庭院以中国和日本为代表。中国传统园林十分注重自然与艺术的融合，突出意境美、气韵美。同时，强调比例协调，尺度适中，高低变化，错落有致，不仅要巧妙地运用虚实的对比、光影明暗的变幻，还要相互穿插和渗透各种空间，前呼后应。另外，在选择植株时要以枫、松、竹、菊、兰为主，还应该让静态空间流动起来，动静结合，达到自然和艺术相结合的目的，发挥艺术对自然的辅助作用，促进自然的艺术化。这就要求在制作组合盆栽时运用有效的手法和技巧，营造微妙的意境，使人与自然相统一，师法自然，创造自然古朴苍幽之境。日本庭院以寺庙庭院为代表，石景是一个主要的要素，这种构思主要采用象征、隐喻的艺术手法，用细碎的白砂代替水，用形态各异的石头代替山，构成和谐的"枯山水"景观。

西方园林中，意大利式造园强调对水的利用，设置多个水流、小池和喷泉；英国式造园设计注重风景的构建，讲究自然美，同时掩饰自然的缺陷；法国式造园设计注重对几何图案的使用，讲究左右对称。

三、庭院组合盆栽创新设计的元素

通常来说，为庭院设计组合盆栽时，除了植物这种主要要素，还需要设置一些流水、小桥、假山等，以提升庭院园林景观的丰富性、真实性（图5-3）。在堆叠石块的过程中，还能将亭、台、楼、榭等元素引入组合盆栽中，可以用石头、配石等装饰摆件进行代替，注意要按比例进行缩小，让庭院园林景观富有诗意，意境更加深远，提升庭院园林景观的观赏性。

在具体设计过程中，首先，引入的元素要追求少而精，切不可喧宾夺主，对鸟兽、人物等物件的摆放，要突出主题，提升景色的审美性，进一步深化意境。因为摆件都比较小，所以通过鲜明、强烈的对比，使得庭院构图更加精致大方。其次，对于摆件的选择，要优先考虑质量好、生动形象、形态逼真、色彩和谐的物品，但要将数量控制在一定范围内，更不能过于杂乱，要起到烘托主题的作用。最后，对于盆器的选择，主要是自然器材，如陶器、木、竹等，如果是想设计有个性的庭院题材，可以选择其他类型的盆器。

图 5-3　庭院组合盆栽

第二节　阳台

阳台不仅是具有功能性的生活空间，还是可供造景美化的室外空间。利用组合盆栽合理有效地美化阳台，是美化家居环境的重要手段，还能大大提升家庭氛围的活跃度，同时使人们怡情养性，有助于人们的身心健康。

一、阳台类型

阳台组合盆栽的创新设计应该根据阳台的类型，坚持因地制宜的原则，选择适合的盆栽植物和设计方法。通过科学的设计，保证植物能够欣欣向荣地成长，使得组合盆栽配置合理。通常来说，阳台可以分为以下几种类型：

（一）按照阳台方位分类

1. 南阳台

建筑南向阳台是布置组合盆栽植物景观的最佳场所。因为建筑南向阳台阳光照射时间长，具备良好的通风效果，只要选择适合的盆栽植物，通过合理搭配、悉心栽培，就能造就令人眼前一亮的景观。

2. 北阳台

光照不足或朝北的阳台，由于受到阳光因素的影响，通常适合选择一些耐阴、喜阴的组合盆栽花木。

3. 东西向阳台

通常情况下，喜阳性盆栽花卉都能布置在东西向阳台，但是夏季西晒时温度比较高，容易使花卉发生日灼。鉴于此，可以将羽叶茑萝、大花牵牛等藤本类的组合盆栽放置于阳台角，这样不仅能使花卉免受烈日灼伤，还能起到良好的点缀作用。

（二）按照阳台功能分类

1. 生活阳台

生活阳台，又称景观阳台。在现代住宅设计过程中，如果住房结构和形状设置的是双阳台，则通常是一主一次，一大一小，面积较大的阳台作为公共空间的外延，往往连接着客厅等公共区域，具有休闲娱乐的功能；而面积相对较小的阳台则是服务阳台。

生活阳台的宽度通常与客厅相同，所以阳台具备较广的临空面，使得组合盆栽的布置拥有更加广阔的空间。生活阳台的功能通常以休闲、工具收纳为主，对功能要求并没有那么高。得益于富余的空间，生活阳台可以容纳多种规模、形式的组合盆栽景观物，假山、鱼池等都能应用到生活阳台的组合盆栽的设计中。

2. 服务阳台

通常来说，服务阳台是住宅双阳台中面积相对较小的一个阳台，往往直接连接着餐厅或厨房，主要用来存放工具、晾晒衣物等，具有实用性功能。受到位置条件的限制，服务阳台主要位于建筑的侧面阴角位，缺乏良好的视野，景观价值普遍不高，所以服务阳台的组合盆栽设计经常被人忽略。服务阳台作为功能性的家务空间，通过对其进行合理的组合盆栽设计，可以活跃空间气氛，缓解人对枯燥乏味的家务劳动所产生的疲劳感，有助于人们的身心健康，所以服务阳台的组合盆栽设计也应该受到重视。

二、阳台的小气候特征

与普通陆地不同，阳台受到朝向、建筑高度等因素的影响，所以阳台的小气候具有特殊性。组合盆栽的设计也应该充分考虑阳台特殊的小气候，将喜阳、耐阴的花卉分别摆放在阳台的受光面、背光面。

（一）阳台光照

在植物生长过程中，光照时间、光质以及光照强度对植物生长因素产生着不同程度的影响。通常来说，南向阳台由于常年可以受到阳光的照射，夏至光照强、温度高，太阳光照进南向阳台的范围相对比较小，即便是组合盆栽植物并未直接受到太阳光的照射，也能依靠散射光良好地生长下去。冬至太阳光照进南向阳台的时间比较长，光照范围比较广。因此，大多数组合盆栽植物都适合生长于南向阳台，喜欢强光的组合盆栽植物可以放置于阳光光照范围内，喜欢弱光的组合盆栽植物可以放置于离光照范围稍远的位置。

（二）阳台温度

受到朝向、周围建筑物等因素的影响，阳台光照有所不同，导致阳台的温度存在一定的差异。相比于其他朝向的阳台温度，南向阳台的温度要更高一些，因为南向阳台的光照比较充沛。受到季节的影响，夏季阳台的温度最高，冬季阳台的温度最低，春季气温呈现日益升高的趋势，秋季气温呈现日益降低的趋势。在晴天的情况下，温度在早晨日出之前最低，在早晨到午后两三点这一时间段呈现逐渐升高的趋势，午后两三点温度开始逐渐下降。在阴雨天气日温度变化趋势并不明显。

（三）阳台湿度

相比于平地土壤的湿度，城市建筑阳台湿度的稳定性比较低，植物所需水分需要依靠人工浇水来满足。相比于自然地表，高层阳台空气湿度比较干燥。相比于其他朝向的阳台，南向阳台的光照要更强，导致南向阳台要更加干燥。

三、阳台组合盆栽创新设计的原则

（一）安全性原则

阳台是室内居住空间向室外的拓展与延伸，现代社会鳞次栉比的高楼为人们的生活带来了诸多便利，多数阳台都采用了临空设计，即阳台外没有支撑物进行支撑，具体可以分为一面临空、两面临空和三面临空等类型。因此，在阳台的组合盆栽设计过程中，防坠落的设计是不可或缺的，必须要坚持安全性原则，避免物品从阳台坠落对路人造成伤害。

具体来说，阳台组合盆栽设计中选择的植物，本身必须是无毒无害的，同时不容易对人体造成不适。尤其是在封闭式阳台中，在植物的选择上要尽可能避免散发有毒物质的植物，如夹竹桃、郁金香、水仙等，这些植物容易使抵抗力差的儿童出现过敏或中毒等不良反应。如果家中有人患有呼吸道疾病，要尽可能选择不需要土壤的水生植物，因为土壤中蕴含着一些真菌，容易引发患者疾病感染。另外，如果家中有幼童，要避免种植容易致人受伤的植物，主要包括芒草、芦荟等。

（二）生态性原则

植物具有调节气氛、美化空间的功能，所以在阳台组合盆栽的设计过程中，绿化设计是一个必不可少的环节。通过组合盆栽装扮连通室内外空间的阳台，不仅能表达人们对大自然的热爱，还可以发挥调节阳台小气候的重要作用。不同植物具备不同的生态效应，不同植物的组合对室内温度、湿度的调节作用也有所差异。所以，在设计阳台的组合盆栽时，应该坚持生态性原则，充分利用植物生理学、生态学原理，结合具体的阳台环境条件，从植物特点出发，选择适宜在阳台种植的植物和植物组合模式，一方面美化阳台空间，另一方面达到良好的生态效果。

此外，由于一般阳台面积有限，为了留出足够的储藏和活动空间，选择的组合盆栽植物不宜大片堆砌，可以优先考虑一些垂直绿化植物，如藤蔓、藤本植物，不仅能很好地节省种植空间，还能起到美化阳台立面的作用。

（三）以少胜多原则

阳台作为提升建筑节能效率的绿色载体，设置一定面积的绿化，能够起到良好的生态作用。但由于阳台空间比较有限，如果配置过多枝繁叶茂的植物，会对住宅主人与外界的沟通造成一定的阻碍。因此，组合盆栽植物的配置要追求"精"，而并非"多"。除此之外，阳台组合盆栽景观经常会使用一些装饰物营造良好的气氛，这方面的设计同样要坚持以少胜多原则，切不可运用过多装饰物，避免出现杂乱无章的感觉。

此外，阳台组合盆栽的创新设计首先要明确主景，如果将主景设定为植物，那么选择一两株叶相优美、花色鲜艳的植物即可（图5-4）；如果将主景设定为装饰物，那么对于其他景观元素的选择要尽可能保持低调统一，体量也不适合过大，要达到衬托主景、烘托氛围的目的（图5-5）。

图 5-4　主景为植物的阳台组合盆栽

图 5-5 主景为装饰物的阳台组合盆栽

四、住宅阳台组合盆栽创新设计的元素

（一）住宅阳台组合盆栽山景的表现形式

山景主要通过山的形貌和体量进行表现，山的体量与追求轻量化的组合盆栽景观并不相符，但山的形貌能够利用景观元素高低错落、线条变化以及形体等形式进行表现，营造出山景的意境美。山景可以选择重量较轻且体形较小的产品，考虑到阳台面积有限，在设计时可以选用小景、摆件来降低工作量。简而言之，阳台组合盆栽的山景具有以下几个特点：体量较小、重量较轻；优先选择成品小景、摆件。

1. 利用假山摆件表现山形

假山摆件是一种最为常见的组合盆栽山景表现形式，是按照一定比例对山石外形进行缩小的模型摆件（图5-6）。假山摆件采取了缩微的表现手法，过去常用于鱼池的搭配装饰，使池面看起来更加生动、富有层次，构成有山有水的庭院景观。通常来说，阳台组合盆栽景观的水体比较小，不需要假山摆件进行搭配，但是可以将假山摆件运用在绿植丛中。当假山摆件充当

图5-6　假山摆件

背景时，放置于组合盆栽的中间位置，从而起到进一步强化景深的作用；当假山摆件充当主景时，通常搭配卵石、低矮植物等，起到装饰作用。

利用假山摆件表现山形，布置起来具有便捷性和可行性，可以从市场上选择所需的成品，充当背景或者是主景。做工精致的假山摆件具有较强的观赏性，能充分体现出曲径通幽的场景意境。用假山摆件表现山形也存在不足之处，即对成品具有较强的依赖性，需要根据阳台景观挑选与之相搭配的假山摆件，而且，市面上常见的假山摆件风格具有明显的指向性，以中国古典园林假山为蓝本，与其他风格盆栽景观的搭配程度并不高。

2. 利用"置石"表现山形

选择一整块天然石材摆设在组合盆栽中，能够勾起人们对高山峻峰的联想，即"置石"（图 5-7）。

图 5-7 置石

置石通过采用象征的表现手法，多与卵石、沙砾等搭配构成整体景观。通常情况下，当用置石象征山体时，可以用卵石、沙砾象征水面或地面，盆栽植物就可以用来象征山体间的丛林，卵石、沙砾的细小，可以衬托出置石象征的山体的高与大，通过对比的方式突出山形。

需要注意的是，在阳台组合盆栽的设计中，置石不宜挑选重量、体形过大的，避免给后期更换造成不便。

（二）住宅阳台组合盆栽水景的表现形式

水景一直是组合盆栽设计的重要对象。综合考虑住宅阳台的空间、环境条件，对组合盆栽水景体量的设计不宜过大，过多的水量无疑会增加结构荷载。根据阳台的实际面积，选择大小适中的组合盆栽水体容器，然后再根据容器大小确定水体体量。组合盆栽容器也是影响整体观赏性的重要因素，按照风格、喜好的不同，可以将组合盆栽的水体容器分成金属、陶瓷、玻璃、石头等材质的成品。总体来说，住宅阳台组合盆栽的水景主要具备以下特点：体量较小；根据容器选择水体体量；组合盆栽水体容器具有较强的观赏性。住宅阳台组合盆栽水景的具体表现形式如下：

1. 利用小型鱼缸表现水景

小型鱼缸在组合盆栽中是一种比较常见的水景形式，可以呈现出一片欣欣向荣的景象。市场上成品鱼缸的材质类型比较多，最常见的是玻璃、石制鱼缸。小型鱼缸不仅能为一些体形较小的生物提供生活场所，还可以通过搭配一些水生植物，营造出良好的观赏效果。

小型鱼缸以成品购买为主，鱼缸水景的优点在于造型丰富多变的缸体本身就具有观赏性，再加之缸体内部搭配一些装饰物、动植物，可以呈现出丰富的观赏内容。但鱼缸水景也存在不便之处，为了让鱼缸内的水体始终处于流动状态，使鱼缸内的含氧量达到一定要求，往往搭配循环水泵进行使用，这就对鱼缸的位置提出了一定要求，必须要靠近电源插座，不能随心所欲。

2. 利用水生植物表现水景

水生植物指的是生长于水中的植物，是水景的重要组成部分。生活中比较常见的水生植物主要包括田字萍、睡莲、荷花等。水生植物的土植可以将其栽种到盆中再放入水中，还可以采取无土栽种的种植方法，但是需要搭配营养补充剂。

观赏水生植物通常以观赏植物的花相、形态为主。水生植物水景具有诸多优势，如为组合盆栽水景带来欣欣向荣的景象，部分开花的品种还可以为阳台增添一抹颜色，而且无须每天照顾打理，能够摆放到任何位置，布置起来具有灵活性。但是水生植物水景也存在不足之处，如水生植物容易招来蚊虫，栽培水生植物的泥土容易使水看起来比较脏，需要定期去除多余淤泥。

第三节　浴室

一、组合盆栽在浴室发挥的作用

浴室是供人洗浴的房间，是每天都需要进出的场所，在日常生活中发挥着非常重要的作用。在家居布置过程中，大部分人都将绿化的重点放在了客厅、卧室以及书房这三个空间，往往容易忽视浴室的绿化，也就出现了厅内"万紫千红"，浴室"不毛之地"的现象。实际上，浴室空间具有比较重的阴气，还是细菌、霉气的主要聚集地，人体还会在浴室排出各种各样的废气，所以，浴室更需要自然的气息进行调节。随着人们生活水平的提升，用一些好养又好看的绿色植物装饰浴室引起越来越多人的重视，将用鲜活的植物制作而成的组合盆栽放入浴室，除了具有一定的观赏性，还发挥着以下三方面的作用：

第一，有助于改善空气质量。部分家庭浴室并没有设置窗户，或者即便是浴室设有窗户，部分住户也没有经常性地为浴室开窗通风，使得浴室长时间处于封闭状态，再加之住户在淋浴或如厕时，会在浴室停留较多时间，导致浴室空气质量相对较差。而通过为浴室设计组合盆栽，选择一些具有净化空气、吸收异味功能的植物进行栽培，如虎皮兰、鸭脚木、白掌、常青藤，这些植物不仅适应力强，适合生长在浴室的环境中，还有助于改善浴室内部的空气质量。另外，如果有家人对植物容易过敏，可以在组合盆栽的设计中选择波士顿蕨等人工培育的植物，不仅不易引发敏感者过敏，对于家人呼吸道疾病的缓解也具有一定帮助。

第二，有助于改善身心健康。在浴室摆放一些组合盆栽，选择一些清新亮丽的植物，能够让浴室空间看起来更有活力，赋予观赏者一天的能量。同时，组合盆栽中的植物，能够有效地缓解人们的心理压力，使住户一天的心情更加美好，还能在一定程度上提升生活质量。

第三，有助于抑制细菌生长。很多植物能够有效地抑制或杀死真菌、细菌，极大地减缓细菌的繁殖与扩散。如吊兰，这种植物具有如同野草一般顽强的生命力，养护难度比较低，而且喜欢生长于比较阴凉的环境，浴室环境就可以满足其生长的需要；同时，将吊兰放置于浴室中，能够很好地吸收浴室的有毒气体和水分，有效避免病毒和细菌的繁殖。

二、适合浴室组合盆栽的植物

由于浴室空间小，潮湿阴暗，通风条件、透光性相对较差，这对组合盆栽植物的选择提出了一定要求，下面介绍几种适合布置在浴室的组合盆栽植物。

（一）蕨类植物

蕨类植物品种丰富、形态各异，是一种耐阴的观叶植物，喜欢生长于高湿度环境中。通常情况下，浴室的温度和湿度比其他房间要高，为蕨类植物的生长提供了良好的环境条件。在平时洗漱的过程中，可以适当给予蕨类植物一些水分，增加浴室湿度，使蕨类植物得到充足的水分，促进蕨类植物的生长。观赏性蕨类植物比较多，比较常见的主要包括鸟巢蕨、鹿角蕨、波士顿蕨、铁线蕨等，这些植物都可以养成组合盆栽。

（二）吊篮植物

浴室通常空间比较小，吊篮组合盆栽可以直接悬挂在空中，不仅不会占用地面空间，还会在空中充当装饰品。在靠近浴室窗户的位置可以布置一些挂绳，并将吊篮组合盆栽直接悬挂在吊绳之上，这样就形成了空中组合盆栽。在选择吊篮组合盆栽的植物时，可以选择一些清新的观叶植物，比较常见的主要包括绿萝、观叶秋海棠、合果芋、天门冬等。

（三）水培植物

顾名思义，水培植物指的是生长于水中的植物。水培植物是一种干净、方便且价格便宜的植物，正因如此，普遍受到了人们的喜爱。在浴室环境中，很多水培植物都能生长得很好，常见的主要包括白掌、白雪公主、富贵竹、黑美人、伞树、如意皇后等。在浴室养殖水培植物组合盆栽有如下好处：养护起来比较方便、清洁，只需要等水变浑浊时及时更换清水即可；水培植物的生长不需要光照，只要保证浴室环境温润、光线明亮即可；水培植物的叶面如果出现脏东西，可以直接使用清水进行擦洗。下面介绍几种适合在浴室种植的水培植物组合盆栽。

1. 水培白掌

（1）水培白掌的习性。水培白掌喜欢空气湿度较高、温暖和半阴环境，可以在弱光环境中良好地生长，怕烈日直晒（图5-8）。对湿度较为敏感，湿度处于80%～90%适宜。白掌虽然害怕强光暴晒，但如果长期缺乏光照，不易开花。

（2）水培白掌的养护。

①水培白掌生长温度处于22～28℃为宜，当温度不足10℃时，白掌叶片容易遭到冻伤。

②要尽量给予水培白掌一定的散射光照，不能将水培白掌长时间放置于隐蔽的环境中，否则将不会开花。在夏季高温天气中，需要为水培白掌遮阴，避免其受到强烈阳光的直接照射，保护水培白掌的叶片不被灼伤。

③在夏季，水培白掌换水频次比较高，大概每周需要换水一次。春秋冬这三个季节换水频次相对较低，大概10～15天需要换水一次。需要注意的是，在换水过程中，需要使用清水轻轻清洗水培白掌根部的黏液，并洗涮干净水培容器，保持水质的干净清洁。为了保证水培白掌的根系呼

吸顺畅，添加的水位不宜过高，通常只要水的高度能够淹没白掌根系的2/3即可，以促进植株更好地生长。

④为了促进水培白掌更加健康地生长，可以在水培容器中加入一定的营养液，建议每半个月左右滴入2～3滴为宜，还可以为水培白掌的叶面喷施一些叶面肥，满足水培白掌生长所需的营养，增加水培白掌叶面的光泽。

图 5-8　水培白掌

2．水培碧玉铁

（1）水培碧玉铁的习性。碧玉铁不仅可以土培养护，也可以水培养护（图 5-9）。水培碧玉铁喜高温、多湿、半阴环境，对日照要求不高，耐寒、耐高温，可以在间接光的情况下保持芽嫩叶绿，所以适合在浴室环境中水培摆设。

图 5-9　水培碧玉铁

（2）水培碧玉铁的养护。

①水培碧玉铁生长温度保持在 20 ～ 28℃ 为宜。

②水培碧玉铁的生长环境的湿度不宜过高，否则容易引发叶斑病，浇水也不宜过多，否则根部容易腐烂。夏季高温时，可以采取喷雾法向空中喷雾，以提升空气的湿度，要注意水分尽可能不要落到水培碧玉铁的叶片上，否则容易引起叶片感病。

③对于那些生长极具个性化、不成簇的枝叶，要及时进行修剪。在

生长旺盛期，碧玉铁会长出很多新叶，但是容易被大片老叶压变形或遮挡住，所以需要适当地修剪老叶，保证叶片颜色从整体上一直保持明亮。还需要经常修剪表面看不到的枝叶之间的枯叶，使碧玉铁一直保持良好的通风性，保证新叶的健康成长。

④在水中养殖碧玉铁时，需要定期为其施加肥料，如专用营养液、复合肥，促使水培碧玉铁的根茎和枝叶更加旺盛地生长。

3. 水培翠叶竹芋

（1）水培翠叶竹芋的习性。水培翠叶竹芋叶片表面分布着深绿色的斑纹（图5-10），喜温暖湿润和半阴环境，怕低温和干风，无法忍受干燥，不耐寒冷和干旱，忌烈日暴晒和干热风吹袭，非常适合布置在浴室场所。水培翠叶竹芋对空气湿度有较高的要求，特别是新叶生长期。

图5-10　水培翠叶竹芋

（2）水培翠叶竹芋的养护。

①在为水培翠叶竹芋选择盆器时，可以选用玻璃瓶、塑料盆等。

②水培翠叶竹芋生长温度以 18～25℃ 为宜，在北方冬季供暖前后，要做好防寒保暖措施，室温不能低于 13℃，否则容易受到冷害。

③在水中养殖翠叶竹芋时，要注意勤换水，大概每 5 天更换一次。由于夏季水分蒸发比较快，所以换水频率要适当紧凑，可以每 2～3 天换水一次。由于翠叶竹芋无法忍受干燥，所以当天气炎热时，可以每天早晚使用湿布对翠叶竹芋的叶面进行擦拭。

第四节　窗台

下班回到家，当打开窗户的那一刻，组合盆栽中五颜六色的鲜花映入眼帘，心情瞬间变得格外舒畅，看着植物一天一天长大，其中的乐趣不言而喻。尤其是对于都市人来说，植物具有特殊的治愈功能，当都市人下班回到家，打开窗户，呼吸着窗外新鲜的空气，感受着组合盆栽植物的生机勃勃，劳累一天的身心也会逐渐变得愉悦起来。因此，对窗台组合盆栽进行设计是非常有必要的。

一、窗台组合盆栽的重要作用

第一，有助于改善居住环境。为窗台设计组合盆栽，所种植的花草对空气具有重要的净化作用。同时，还能在一定程度上降低夏季窗台因太阳辐射造成的高温。此外，还可以有效降低城市交通噪音对人体健康带来的危害。

第二，有助于美化建筑、陶冶情操。通常来说，窗台是建筑立面的重要组成部分，窗台绿化对建筑整体景观有着重要影响。通过为窗台设计组合盆栽，利用植物特有的质感、色彩搭配形成优美的景观，一方面能给建筑里面的景观添砖加瓦，另一方面能够美化古旧建筑。窗台作为居住环境的一部分，通过组合盆栽装扮窗台，衔接好室外与室内的植物景观，与人的生活存在着十分密切的联系。色彩搭配恰到好处、生长态势良好的窗台组合盆栽植物，有助于缓解人一天的疲劳，使人的精神处于放松状态，陶冶人的性情。

第三，具有一定的经济价值。对于窗台组合盆栽植物的选择，可以结合本地的气候特征，种植一些蔬果类植物，如辣椒、西红柿，这类植物兼具一定的实用价值和观赏价值，住户不仅可以欣赏四季美景，还能品尝自己的劳动成果，切实提升种植窗台组合盆栽植物的乐趣。

二、窗台组合盆栽的设计要点

如果是室内的窗台，在组合盆栽的设计中可以充分利用玻璃的"温室效应"，选择一些喜阳的植物，主要包括天竺葵、栀子花、茉莉、米兰、月季等。或者可以选择一些形态奇特、色彩斑斓的多肉类植物，主要包括宝石花、条纹十二卷、松鼠尾等，这些优雅美丽、千姿百态的多肉类植物能够使人们心情更加愉悦。如果是室外的窗台，可以根据防盗安全窗罩设计组合盆栽，具体可以综合考虑窗台的朝向、光照强弱以及植物习性，选择适合种植的花卉。

通常情况下，朝北窗台的光照最弱，部分朝北窗台甚至没有阳光照入，只有亮光，因此适合选择一些耐阴植物进行栽种，主要包括常春藤、吊竹梅、万年青、紫罗兰等。对于朝东窗台、朝西窗台、朝南窗台来说，植物的选择范围比较广，大部分花卉都比较适宜，但需要注意的是，在冬季来临之前，除了耐寒植物，其余植物都需要从窗外移进室内越冬。另外，在窗台外部尽量设置一个雨棚，避免下雨时家中无人看管组合盆栽中的植物，若盆栽中的植物受到长时间的浸泡，容易引起植物根部腐烂。

三、适合窗台组合盆栽的植物

适合窗台组合盆栽的植物比较多，常见植物主要包括仙人掌、紫竹梅、太阳花、鬼针草、微型玫瑰、倒挂金钟、常春藤等。除了这些常见的花草，经常出现在厨房的薄荷、迷迭香等香草调料、沙拉配菜等也可以种植在窗台。下面介绍几种比较常见的植物。

（一）仙人掌

仙人掌的形状像手掌，故名仙人掌，又称作霸王树、牛舌头，它是一种喜阳光、喜温暖、耐旱、怕冷、怕涝的植物。将仙人掌摆放到窗台上是一个很好的选择，不仅仙人掌能够适应窗台的环境，还能避免家人被仙人掌的小刺扎伤。

1. 在窗台养殖仙人掌组合盆栽的要点

首先，仙人掌需要生长于阳光充足的环境下，如果长期缺少阳光照射，仙人掌则不会开花，所以，要将仙人掌放置于长期有阳光照射的窗台上。其次，仙人掌的生长发育需要一定的温度条件，只有处于20℃以上的环境中，才能正常开花。再次，仙人掌是耐旱植物，不能过多浇水，要坚持宁干勿湿的原则，保持盆土的相对干燥，特别是冬季和夏季休眠期，要有节制性地为仙人掌浇水。最后，仙人掌虽然是一种极度耐寒的植物，但是在干旱、缺肥的情况下不易开花，所以，需要在仙人掌生长季大概半个月为其施加一次水肥，施肥要适量，否则仙人掌也无法开花。

2. 组合盆栽仙人掌养殖的四季管理

（1）春季管理。当春季气温始终处于10℃以上时，需要每年更换一次组合盆栽容器。仙人掌脱盆时可以使用报纸等包裹仙人掌，用手轻拿轻放。将仙人掌的死根、老根、断根去除之后，晾晒 5 天左右再进行栽种。完成栽种后应该将组合盆栽放到半阴的地方进行培养。

新栽种的仙人掌暂时不需要立即浇水，只需要每天喷雾 3 次左右即可，或者将仙人掌直接放到湿度较大的窗台位置，每半个月浇少量的水即可，待一个月之后仙人掌生长出新根之后再增加浇水量。春季更换盆栽容器之后，可以将仙人掌放置于光照充足的窗台位置进行培养，并逐渐增加浇水量，保持盆栽土壤湿润即可。在仙人掌的生长旺季，要为仙人掌提供充足的水分。

（2）夏季管理。夏季气温普遍较高，当仙人掌所处温度在 38℃ 之上时，会进入休眠状态，所以应该将仙人掌放置于早晚有光照的窗台。夏末气温逐渐转凉，应该增加对仙人掌的水分供应，恢复追肥。

（3）秋季管理。进入秋季之后，光照强度逐渐下降，应该将仙人掌转移到光照充足的窗台进行培养，同时保持盆土的湿润。随着气温的逐渐下降，可以逐渐减少对仙人掌的浇水量，使盆土保持偏干，同时暂停施肥。当气温下降至 5℃ 时，应该将仙人掌及时转移至有光照的窗台或室内，避免仙人掌被冻伤。

（4）冬季管理。仙人掌是世界上最耐寒的植物之一，冬季温度只要达到 0℃ 就能安全越冬。但是室内窗台温度应尽量保持在 3 ～ 5℃，这样更有助于仙人掌顺利越冬。冬季应该将仙人掌放置于光照充足的窗台上，控制浇水量，保持盆土干而不燥，不需要施肥。

（二）紫竹梅

紫竹梅是一种观叶植物，叶色优美（图 5-11），叶片和叶背都是紫色，喜温暖、湿润、半阴的环境，不耐寒，忌阳光暴晒，盆栽可用于居室绿化。紫竹梅组合盆栽适合养殖在光线明亮、有散射光、半阴的窗台，当有适合的阳光时能够开出粉色花朵。紫竹梅不仅能吸收空气中的一氧化碳、二氧化碳以及空气中的杂质，起到净化空气的作用，还具有一定的药用价值（紫竹梅全草可以入药，具有止血、活血、解蛇毒等功效）。在窗台养殖紫竹梅组合盆栽要注意以下几个要点：

图 5-11　紫竹梅

1. 适量光照

虽然紫竹梅是一种喜半阴的植物，但是在日常生长过程中也需要充足的阳光，又因为紫竹梅害怕阳光暴晒，所以在夏季要适当为紫竹梅遮阴，避免阳光对紫竹梅的暴晒，春、秋、冬这三个季节还是要保证紫竹梅获取充足的光照，如果长期缺乏光照，会导致紫竹梅节间伸长。

2. 生长温度

最适合紫竹梅生长的温度大概是 20℃，在冬季，紫竹梅周围环境的温度最低要达到 6℃，因此，需要将紫竹梅由室外移至室内，并为其采取有效的保暖措施，帮助紫竹梅安全顺利地越冬。

3. 浇水技巧

在养护紫竹梅的过程中，浇水时要坚持见干见湿的原则，要根据土壤的干湿程度选择浇水量，不宜浇水过多，让土壤彻底湿透即可，保证土壤处于湿润状态，避免出现积水现象，影响到紫竹梅的健康生长。在冬季低温时，要适当降低为紫竹梅浇水的频次，最佳浇水时间是正午。

4. 施肥方法

紫竹梅的生长需要充足的养分，在种植紫竹梅之前，要将底肥混入土壤中，在紫竹梅的生长旺季，要定期给紫竹梅浇一次氮磷钾均衡的肥水，保证植株的苗壮成长和准时开花。

（三）薄荷

薄荷又称作夜息香，是一种多年生草本植物（图5-12）。薄荷喜温暖湿润、日照充足的环境，全株青气芳香，是一种具有一定经济价值的芳香作物。春夏季节，窗台前尽量不要养殖香味浓郁的植物，因为这样的植物会使屋内整日飘着香味，对人类的嗅觉造成一定的干扰。在窗台养殖薄荷组合盆栽要注意以下几个要点：

图5-12 薄荷

1. 少晒太阳，多遮阴通风

薄荷是一种不喜光的植物，不可以长时间暴露在光照之下。强烈的阳光不仅会对薄荷的生长造成负面的影响，也会增加薄荷代谢的负担，导致薄荷生长出现代谢和光合作用不平衡的问题，最终无法衍生出更多的侧芽和枝叶。因此，要想让薄荷更快更好地生长，使其侧芽快速地蔓延至整个盆栽容器中，就要减少薄荷组合盆栽的光照时间和光照次数，将薄荷组合盆栽安置在遮阴和通风良好的窗台上。

2. 多浇水，勤修剪

薄荷喜欢温湿的环境，但不能长时间积水，特别是盆栽，如果薄荷生长的土壤具有良好的透气性和排水性，而薄荷又处于生长阶段，春夏秋季节应该多浇水，随着温度的不断升高，要不断提升浇水频率。春秋季节大概 5 ～ 7 天浇一次水，夏季大概 2 ～ 3 天浇一次水，直到盆栽容器底溢水时即可。

另外，通常来说，随着浇水量和浇水频次的增加，薄荷的生长速度会逐渐加快，所以为了避免衍生出的枝叶因长时间处于湿度大的环境中腐烂，要摘掉一些交叉而生的枝叶，扦插幼苗，从而培育出更多的薄荷植株。

3. 选择富含有机质的土壤

一般情况下，在薄荷生长期间几乎不需要追肥，薄荷休眠期间完全不需要肥料，原因有二，其一是薄荷植株本身对肥料的需求量比较低，其二是土壤质量不同。在盆栽薄荷时不能选用贫瘠的土壤当作基质土，因为这样会增加后期的追肥负担，所以，要选择富含有机质的土壤作为薄荷的基质土。

4. 选择较大的盆栽容器

薄荷作为一种群生植物，如果生长环境比较适宜，全年都可以孕育出新的薄荷植株。因此，为了避免频繁地更换盆栽容器，初期就应该选用较大的盆栽容器，为薄荷的繁衍提供充足的土壤和空间。

第五节　厨房

厨房是指可在内准备食物并进行烹饪的房间，是全家人使用频率仅次于客厅的居家空间。在厨房准备饮食的过程中，家人之间会相互倾吐生活中的点点滴滴，家人们也能回归真实放松的状态。因此，在为厨房设计组合盆栽时，要尽量从生活趣味出发，创设轻松愉悦的氛围。厨房是一个油烟味比较重、空气污染较为严重的空间，布置绿植组合盆栽，能够有效吸收油烟和其他有害气体，起到很好的净化空气的作用。而且，厨房存在诸多中层空间，如操作台柜的台面，这些空间是人们在厨房中视线主要停留的位置，为这些空间布置组合盆栽，可以达到极好的装饰效果，有助于促进人们的心情愉悦。同时，将一些具有观赏性的组合盆栽布置在厨房的上层空间，如厨房家具上方、墙面隔板，是装饰厨房空间的重要手段，不仅不会影响到厨房日常的烹饪操作，还能大大地改善厨房的乏味感和单调性。

一、根据厨房空间设计组合盆栽

（一）厨房上层空间的组合盆栽设计

在厨房的上层空间布置绿植组合盆栽，能够使厨房空间看起来更加"扎实"。成熟稳重的人往往不会过多地装饰厨房，而是更愿意把厨房布置得简单而质朴，但是摆放一些绿植组合盆栽是非常有必要的，用绿植盆栽装扮厨房是厨房空间绿化一种比较常见的方式，不仅美观也不影响烹饪操作。在一字形模式布置的厨房中，为了便于收纳整理日常用品，厨房墙面上往往会设置多层隔板，这为组合盆栽的设计提供了重要平台，可以设计一些可爱造型的组合盆栽（图5-13），并布置在隔板的最上层。

图 5-13　可爱造型的组合盆栽

（二）吊柜家具上方和悬挂板上的组合盆栽设计

对于小户型的房子来说，为了让厨房显得更加宽阔，可以设计开放式厨房，这样会提升烹饪工作的便捷性。开放式厨房通常与客厅相连，这就要求注重厨房环境的美观性，同时要保持厨房空气的清新。为此，可以在安装灯饰的悬挂板上布置一些组合盆栽，起到美化空间、净化空气的作用。

岛型厨房的装修风格通常是怀旧质朴，带给人一种宁静舒适的感觉。为了提高烹饪操作和收纳工作的便捷性，地柜和吊柜往往采取对称式设计。将组合盆栽摆放在吊柜的上方，不仅能增加厨房的活力感，还能在不影响烹饪操作的前提下装饰空间。

（三）厨房中层空间的组合盆栽设计

半开放式厨房具有良好的通透性，为矮墙设计组合盆栽能够产生良好的效果。半开放式厨房的矮墙起着重要的隔断作用，将组合盆栽摆放到矮墙上，能够为厨房增添艺术气息和自然韵味。此外，在厨房家具台面的拐角处，可以摆放一些组合盆栽。厨房的中层空间是人们欣赏组合盆栽的最佳位置，是人们视线停留时间最长的区域，但是组合盆栽不能影响到烹饪工作，所以拐角处是最好的选择。

二、厨房空间组合盆栽的摆放方法

摆放到厨房空间的组合盆栽，可以采用对称的方法，使组合盆栽起到更好的装扮作用。如果厨房风格比较简单、质朴，可以选择两款造型不同的组合盆栽摆放到窗户一侧的操作台柜上，这样不仅能体现组合盆栽的美观性，还能带给忙碌的家人一丝幽雅和清新的感觉。

此外，可以根据厨房内家具的位置，采用与之呼应摆放组合盆栽的方法，特别是在简约现代风格的厨房空间中，所设计的每处厨房家具都追求精致、简单。在厨房的家具上可以摆放一些观叶植物的组合盆栽，起到装饰性作用。

第六节　办公室

随着公司的不断发展，再加之人们对环境美化需求的日益提升，组合盆栽成为办公室必不可少的办公设施，能够为办公室营造自然、健康的良好环境。在办公室可以摆放一些宁心静气、营造宁静气氛的植物，如水仙、文竹（图5-14）。

图 5-14　文竹

一、组合盆栽在办公室的摆放位置

通常情况下，公司员工需要在办公室桌面上开展多项工作事务，如整理文件、打字，所以组合盆栽的设计要尽量小，不适宜占用过多的桌面空间。根据朝向的不同，可以把办公室分为南面办公室、北面办公室，在组合盆栽的摆放上，要根据办公室的实际朝向，南面办公室主要摆放一些喜阳性花卉，北面办公室主要摆放一些耐阴花卉，开花与绿叶花卉相搭配。

二、组合盆栽在办公室的摆放方式

（一）点式、线式以及片式摆放

点式摆放指的是将组合盆栽摆放在办公室中的茶几、墙角、沙发旁等位置，这样的摆放方式是办公室比较常见的一种方式。线式摆放指的是在办公室的一定范围内，将组合盆栽摆放成一条直线。片式摆放指的是划定一个比较大的范围，将多盆组合盆栽摆放进来，使之具有一定的观赏性。

（二）墙壁式摆放

在办公室内，可以充分利用墙面空间，如果办公室有素净墙面，可以设计支架摆放花卉组合盆栽，营造浓郁的垂钓绿意，为办公室创造一个绿色空间，起到绿化、装饰办公室环境的效果。

（三）悬挂式摆放

通常情况下，悬挂式摆放方式适用于空间比较大的办公室，在设计组合盆栽的过程中，选用常春藤等耐阴观叶植物，或者利用不同花卉制作成吊篮，起到美化办公室的作用。

三、不同植物在办公室的摆放要求

观叶植物具有良好的耐阴性，可以将大型观叶盆栽摆放到办公室内的茶几旁、沙发旁等位置，如橡皮树、发财树，但要坚持"宜精不宜多"的原则。观花类植物可以摆放在办公室的桌面、茶几等处，这类植物品种繁多，主要包括水仙、杜鹃、茉莉等。仙人掌科植物耐干性较好，还能充分吸收空气中的二氧化碳，而且不容易发生病害，可以选择这类植物的组合盆栽摆放到办公室的窗台边，如清香木、令箭。蕨类植物耐湿、耐阴，能够抵抗病虫害，姿态优美、四季常青，可以将这类植物摆放到不见光的窗台边。

四、办公室组合盆栽的养护管理

（一）光照

大多数室内观叶植物都喜欢半阴环境，害怕长时间受到强烈阳光的照射，所以，根据不同组合盆栽花卉的特点，要以两周为周期调换一次花卉位置，保证每种花卉都能得到合理的光照，促进花卉的健康生长。

（二）湿度

在办公室内，耐干旱的组合盆栽花卉应该摆放在光照充足且通风便利的位置，如果将其摆放在阴暗处，会导致其只长茎秆而不长花或果实。喜湿润的组合盆栽花卉不适宜摆放在阳光强烈的位置，如果周围空气过分干燥，容易出现叶尖发黄的现象，要勤浇水、及时浇水，使盆土始终处于湿润状态。有些花卉对水分要求比较高，还需要经常向花卉叶面喷水，为花卉生长营造湿润的环境，以满足花卉生长对水分的需要。

（三）施肥管理

办公室内组合盆栽以观叶植物居多，在施肥过程中应该主要施加氮肥，但是要坚持适量原则，施肥量过多会导致植物的疯长。对于花叶兼赏的植物来说，在其开花之前，应该多施加磷肥，每施两次肥大概需要浇七次水。在冬季，随着气温的下降，植物生长速度变慢，应该暂停施肥。

（四）病虫害防治

对办公室组合盆栽植物的病虫害防治要本着"预防为主，防治结合"的原则。办公室盆栽植物比较常见的虫害主要包括介壳虫、红蜘蛛、白粉虱、蚜虫等；比较常见的病害主要包括锈病、白粉病等。在日常生活中，要注意勤通风，定期检查组合盆栽植物的叶基、叶背以及叶梢等处，当发现枝条上出现虫子时，要使用软刷轻轻将其刷掉，当病虫害过于严重时，要将盆栽植物移至办公室外，对其进行喷药处理。

第七节　客厅

客厅是家庭成员休闲娱乐、接待宾客的主要场所，不仅是家庭公共的空间，也是家庭的活动中心。客厅区域除了功能多的特点，还具备活动时间长、使用频率高、人流量大等特点。客厅是组合盆栽设计的重点，设计的成败直接决定着整个居室的设计效果。客厅的组合盆栽设计反映了住户的生活品位和文化修养，在组合盆栽的设计中要尽可能突出精神要素的作用，充分体现住户的特质和兴趣，营造大方、热情、优雅、充满生机的环境氛围。

一、客厅组合盆栽设计的原则

（一）以人为本

客厅是一个人与人共同交流的场所，应该坚持以人为本原则，花卉组合盆栽的布置应该发挥辅助作用，不能对人的生活与行动产生不良影响。如果针对客厅的矮柜设计组合盆栽，不能对人在客厅的活动造成不便；如果针对客厅的桌子设计组合盆栽，要注意组合盆栽的高度，避免影响到观看电视；如果对客厅的小茶几设计组合盆栽，要尽量选择精巧的组合盆栽，避免影响到小茶几的正常使用。

（二）根据客厅朝向选择花卉

客厅通常与阳台相连，而且靠近窗户，朝向是组合盆栽设计需要考虑的一大因素。对于南北朝向的客厅来说，光源相对比较少，尽量选择一些耐阴喜阴的观赏植物；对于东西朝向的客厅来说，光线比较充足，可以选择一些喜阳性花卉观赏植物，以及半日照或全日照都可开花的花卉。

（三）依据位置调整盆栽大小

为了保证盆栽植物有足够的生长空间，在设计组合盆栽大小时，要根据盆栽的具体位置进行确定。对于落地式盆栽来说，盆栽成品高度尽量不要超过墙面的三分之二，譬如房屋高度为 3 米，则设计的盆栽高度不要超过 2 米。

二、根据客厅陈设设计组合盆栽

通常来说，客厅以陈设沙发、电视、茶几、空调、座椅等为主，在组合盆栽设计时要从客厅实际陈设出发，养殖合适的花卉进行装饰，以追求最佳的绿化效果。具体来说，对于面积较大的客厅，可以设计一些大型组合盆栽，并布置在客厅的窗户两旁、墙角处、沙发两侧等位置。在宽敞的玻璃窗旁，可以摆放一盆观叶植物组合盆栽，如米兰（图 5-15）；客厅墙角处可以摆放一些散开型的观叶植物组合盆栽，如龟背竹，不仅利于远观，还显得客厅大方有气势；沙发两侧可以摆放一些树荫浓密的观叶植物组合盆栽，如鸭掌木，使家人和客人坐在沙发上时产生一种置身于大自然怀抱的感觉，既舒适又美化环境。

图 5-15　米兰组合盆栽

对于面积较小的客厅来说，可以选择一些体量较小的组合盆栽，避免占用过多的空间。针对台桌、茶几上的组合盆栽设计，为了避免对主客之间的交流和活动产生影响，可以设计一些小型低矮盆栽，如龙爪蕨、彭珊瑚、仙洞龟背竹。针对客厅台柜的组合盆栽设计，可以布置一些小型盆栽，如发财树，从而提升趣味感。

第八节　别墅庭园

一、基于别墅庭园特性的组合盆栽设计

（一）注重别墅庭园的私密性

私密性是人们对居住环境安全性的基本要求。别墅庭园是别墅所有者的私人领地，能为其带来一定的归属感和安全感，使其放松、自由地享受休闲时光。因此，理想的庭院空间需要利用围墙、组合盆栽等元素与外界形成一定程度的隔离，降低外界干扰，从而满足人们对自身活动的私密性以及对外界环境的需求。

（二）满足别墅庭园的舒适性

与公共的园林景观不同，别墅庭园主要服务于个人家庭成员，所以，庭园内的所有植物景观都要围绕家庭成员的需求来展开。从某种意义上来说，庭园是室内空间的拓展与延伸，因此，庭园组合盆栽设计要把为家庭成员提供舒适、放松心情的空间作为设计目标，并与人、建筑、周围环境相协调。

（三）展现别墅庭园的个性化

与公共场合内的组合盆栽不同，别墅庭园的组合盆栽更加精致。不

同的别墅庭园组合盆栽设计能够体现出人们不同的生活方式。所以，应该在充分了解家庭成员的生活习惯、文化背景、兴趣爱好的基础上，进行个性化的庭院组合盆栽设计。例如，将那些对家庭成员具有特殊意义的植物融入组合盆栽设计中，打造出一个专属于家庭的景观空间。

对家庭成员而言，别墅庭园是其重要的精神寄托。而恰当的别墅庭园组合盆栽能够强化他们对庭园的归属感。例如，对于那些忙于事业没有太多时间打理别墅庭园的家庭，以宿根植物为主来进行组合盆栽设计；对于喜爱园艺的家庭，以各类时令花卉为主进行组合盆栽设计。

二、组合盆栽在别墅庭园中的作用

（一）营造意境

在我国的传统文化中，有很多植物都被人们赋予了特殊的寓意，寄托着人们特定的思想情感。如剪雪裁冰、一身傲骨的梅花；空谷幽香、孤芳自赏的兰花；筛风弄月、潇洒一生的竹；凌霜飘逸、不趋炎附势的菊花。将以这类植物为主设计的组合盆栽摆放在庭园中，不仅能美化环境，还能营造出良好的意境，使人们获得良好的审美体验。

（二）提升空间感

在组合盆栽设计中，将乔木、灌木与草本植物组合在一起，可以形成错落有致的空间层次。此外，通过一定的方式来组合植物还能起到引导人们视线、划分空间结构的作用，从而进一步提升场地的空间感。

（三）柔化生硬线条

别墅建筑笔直的线条与硬质景观使得整个别墅庭园给人一种生硬的感觉，倘若在其中摆放一些具有柔美线条的盆栽植物，便能使庭园变得更加柔和，呈现出一种刚柔并济的美感。

（四）净化空气

植物能够吸收空气中的二氧化碳，释放出对人们有益的氧气，降低庭园硬质铺装所产生的辐射。因此，在别墅庭园中摆放组合盆栽能够起到净化空气的作用。

三、别墅庭园组合盆栽的创新设计

（一）现代别墅庭园组合盆栽创新设计的相关理论

1. 小气候

在别墅庭园中，通过对组合盆栽的设计处理和合理布局，能够有效地改善别墅庭园的小气候环境。

首先，从一定程度上来看，别墅庭园形成的围合空间阻隔了外部环境所带来的影响。部分庭园借助植物或围墙形成的围合或半围合的空间，不仅可以充当重要的界限，还能充分利用庭园的通风、日照和采光等条件。同时，结合气候条件设置组合盆栽的大小以及在别墅庭园摆放的位置等，一方面可以适应气候，另一方面可以利用气候条件更好地布置室外空间。

其次，在别墅庭园空间当中，合理设置其内部要素，有助于调节别墅庭园空间的微气候。而植物在气候调节方面具有诸多功能，包括遮阳、防风和引导微风、增加空气湿度等。

别墅庭园小气候环境的改善，需要对自然条件和气候因素进行充分考虑，促进各种景观要素的综合作用，从构造形式、空间形态等方面入手，利用盆栽植物等景观要素，充分体现气候与环境的协调和朴素的自然生态观。

2. 马斯洛人类需求金字塔

根据马斯洛人类需求金字塔理论，人的基本需要一共可以分为五个不同的等级，从低到高分别为生理的需要、安全的需要、归属和爱的需要、尊重的需要、自我实现的需要。这五个不同层次的需求之间存在着递进关系，在前一层次的需求得到满足之前，后一层次的需求难以产生。

因此，对于一个美好的别墅庭园组合盆栽来说，其景观要能很好地满足业主对庭园空间各个层次的心理需求，例如，生理的需求主要影响因素包括庭院内的温度、湿度、光照强度、空气质量、环境的声音等；庭院安全性的需求，主要影响因素包括庭院的私密性、安全性、领域性；归属感和爱的需求要求别墅庭园为各种各样的娱乐活动提供充足的空间，主要包括游戏、家庭烧烤、户外运动等。

3. 格式塔心理学

作为西方现代心理学的主要流派之一，格式塔心理学的核心概念"格式塔"是德语的中文音译，即"整体"。格式塔有两种涵义，一种是指某一个具体的物体所具有的特有外部形状的特征；另一种是指物体一般性的外在形式或特性。格式塔心理学家认为，人的知觉中有一种将物体的外在形状简化的心理趋势。

在格式塔理论中，格式塔通常分为三种类型：一是简洁、规则、统一的格式塔，通常是规则的几何图形，主要包括三角形、正方形、圆形等；二是复杂而不统一，令人印象深刻的格式塔；三是复杂而又统一的格式塔，其实是一种多样统一的"形"，这种格式塔是艺术表现中最为常见的一种形式。因为格式塔不仅具备简单、令人放松愉悦的统一性，同时又富含变化趣味，不会让人感到简单枯燥。由此一来，人的审美感受也自然而然地由紧张过渡到放松状态，这一过程往往能使人产生更加深刻的审美快感。

在别墅庭园组合盆栽的创新设计中，其景观从视觉表现上所追求的正是这种复杂而又最成熟的"格式塔"，追求多样而统一的艺术效果，使人们产生舒适愉悦而强烈的审美体验。

（二）风格选择

庭园组合盆栽创新设计的首要前提，就是要符合庭园的整体风格。所以在设计构思前，先要对各种不同的庭园风格有一定的了解。下面将介绍几种常见的庭园风格以及常用植物，详见表5-1。

表5-1　别墅庭园风格类型

庭园风格	特点	常用植物
中式风格	源于自然又高于自然是中式庭园的设计主旨，源于自然并不代表单纯地模仿自然景观，而是在此基础上进行概括、提炼，体现出一种山水意境	竹、睡莲、荷花、牡丹、菊花、芭蕉、芍药等
北美风格	摒弃了奢华、繁琐的欧式元素，形成了优雅舒适、自然简约、整齐大气的独特风格。注重建筑与自然景观的结合，强调自然、个性的表达	菖蒲、绣球花、秋海棠、洋水仙、紫丁香、牵牛花、百合、玫瑰等
法式风格	法式别墅庭园以对称造型、气势恢宏的建筑特色著称。无论是建筑还是景观都严格按照中轴线对称的方式来进行设计、布局。并以此来展现雍容华贵的气质与恢弘的气度	冬青、百合、雪松、月桂、紫杉等
意式风格	意大利风格的别墅庭园具备优雅、简朴的特点，将建筑物与景观环境之间进行有机结合	蔷薇、紫罗兰、薄荷、鸢尾、常春藤、百里香、玫瑰、薰衣草等
英式风格	英式风格的别墅庭园能给人一种古朴、庄重，富有贵族气息的感觉。英式庭园强调自然之美，是西方风景园林的重要代表	洋水仙、兰草、鼠尾草、飞燕草、毛地黄、羽扇豆、美人蕉、菖蒲、薰衣草、丝兰等
西班牙风格	西班牙风格的庭园主要由柱廊围合而成，空间层次感较强，且以美观、经济著称。此外，植物类型丰富也是其重要特征之一	仙人掌、薄荷、薰衣草、迷迭香、百里香、紫罗兰、鸢尾、多肉植物、波斯菊、野茉莉等
日式风格	日式风格庭园以自然风景为主要的创作要素，注重恬静、幽玄，其中的大部分植物都要经过精心、自然地修剪，特别是与周围环境连接的部分，以此来实现与周围环境的融合	山茶花、杜鹃、菊花、南天竹等

（三）色彩的选择

别墅庭园组合盆栽的主色调要与庭园的整体色调相符，而在满足这一基本条件后，设计者便可充分发挥创新意识进行设计创作。如果主色调为绿色，可以选择蒿草、银叶的雪叶莲等植物进行组合盆栽设计，因为这些绿色中带有白斑的植物的明度比其他绿叶的明度要高，与花卉搭配可以将花卉植物衬托得更加娇艳、美丽；与紫色、红色等彩叶植物配合，也能形成强烈的对比，给人们带来良好的视觉体验。此外，夏季是许多花卉植物竞相绽放的季节，这一时期的庭园组合盆栽可以采用多种明度高的植物进行搭配，如将颜色艳丽的金鱼草、金黄色的小金鸡菊、红色的凤仙花、紫色的矮牵牛组合在一起，不仅不会显得杂乱，还能给人一种清新、明快之感。

（四）结合时序

植物会随着季节的变化而表现出不同的生长特征，有的植物春天生长，夏天开花；有的植物夏天生长，秋天开花；还有的植物一年四季都能开花。植物不同的生长规律为盆栽设计者提供了很好的创作灵感。庭园组合盆栽在设计过程中可结合时序这一因素，将不同季节的植物搭配在一起，为别墅庭园打造出靓丽的四时接替的时序景观。

第九节　别墅室内

一、别墅室内组合盆栽设计的作用

（一）美化环境、陶冶情操

组合盆栽所具备的造型美、色彩美不仅可以对周围环境起到一定的装饰作用，还可以与周围环境相融合，呈现出一种和谐的美感。在别墅室内摆放一定数量的组合盆栽，可以形成绿化空间，帮助人们缓解工作、学习上的压力，放松身心。此外，不同种类的组合盆栽能够给室内营造出不同的氛围。例如，白色的兰花配合绿色的叶子，可以使室内清香四溢、风雅宜人；而苍松翠柏则会给人以庄重、典雅之感。[①]

（二）分割空间、突出空间

1. 分割空间

通常情况下，可以在别墅室内的玄关、出入口或较大的空间内，利用组合盆栽分隔出一定的空间。这样一来，不仅能绿化、美化室内环境，还能对室内空间进行有效利用。虽然空间被分隔，但仍然能看到空间内各个区域的大致内容，也不会对照明、采光产生很大的影响。

2. 突出空间

在入口、楼梯处、拐角处或是走廊尽头这些别墅室内的位置摆放组合盆栽，可以对空间的起始、转折等位置起到强化、突出的作用。值得注意的是，摆放在这些位置的组合盆栽通常都不会选择枝叶向外扩展且修长的植物，不然将会妨碍人们的正常通过，或因行人而影响植物的生长。

（三）调节气候、净化空气

植物可以利用光合作用吸收别墅室内的二氧化碳，释放供人们呼吸的氧气，还可以通过蒸腾作用等调节室内的湿度、温度，从而达到调节室内环境与净化空气的作用。有些植物，如梧桐、棕榈、大叶黄杨等能有效地吸收室内的装潢产生的有害气体；有些植物，如松、柏、樟、桉、悬铃

---

① 冯作萍. 无锡别墅庭院景观设计研究 [D]. 大连：大连工业大学，2020.

木等可以通过其自然产生的生化物质杀灭细菌；还有一些绿色植物能吸附大气中的尘埃，释放新鲜空气，起到美化环境、愉悦心灵、净化空气的作用。此外，植物在夏季能起到隔热降温的作用，而在冬季则能提高室内氧气含量，有效地促进氧与二氧化碳循环，增强室内保温效果，使得室内有着冬暖夏凉的效果。

二、别墅室内组合盆栽的创新设计

（一）创新设计原则

1. 实用原则

实用是别墅室内组合盆栽设计的重要基础，如果不具备实用性，组合盆栽的价值就会大打折扣。在为别墅室内环境设计组合盆栽时，应该充分结合家庭成员的需求以及环境的性质和功能。

例如，书房是人们写作、办公的场所，这种场所需要营造出安静、优雅的氛围，比较适合摆放素雅、大方的组合盆栽，如果盆栽的颜色过于鲜艳、气味浓烈，便会影响人们的注意力，从而降低学习、工作效率。

2. 美学原则

组合盆栽在别墅室内的重要作用之一便是美化装饰环境。所以，在具备实用性的基础上，组合盆栽设计也要遵循一定的美学原则。即在设计过程中应先明确设计主题，再结合室内的装修风格选择相应色彩、外形的植物进行搭配，使组合盆栽与周围环境的风格相契合，呈现出良好的艺术效果。

3. 经济原则

除了实用原则与美学原则外，经济原则也很重要，即别墅室内组合盆栽的设计要做到经济先行，在能获得同等效果的基础上，尽量降低成本。选择与室内环境相适宜、相协调的室内观叶植物，使装饰效果能保持较长时间。

此外，除了以上内容，还有一点需要注意，即室内绿化装饰的植物要尽量选择能够吸收污染物、排放氧气的品种，这样既美观又有利于健康。

（二）盆栽植物的选择和摆放要点

植物在生长过程中不仅需要阳光、空气、土壤，还需要一定的湿度、温度条件。一般情况下，别墅室内光照不足，空气不太流通，温度较恒定，相对湿度低，这些生态因子与别墅室外相比存在着较大的差异，容易对一般的植物生长造成不利影响。因此，对于别墅室内的组合盆栽，要科学地选择观叶、耐阴或半耐阴的阴生植物，如散尾葵、绿萝、橡皮树等。

大量耐阴的植物品种，为别墅室内组合盆栽的设计提供了极其丰富的素材。通常来说，任何具有一定耐阴性的植物，只要树干大小适中，其叶形、花果、叶色以及树姿等都或多或少具有观赏价值，可以结合别墅的室内环境进行摆放。对于盆栽植物在别墅室内的摆放，需要注意以下几个要点：

1. 体量适中

对盆栽植物体量的有效把握，是盆栽植物摆设的重要环节。一般来说，所摆设盆栽植物的体量需要与别墅室内空间的大小相适应，如果别墅室内空间相对比较开阔，就可以摆放体量相对较大的盆栽植物；如果别墅室内空间相对比较狭小，则需要摆放体量相对较小的盆栽植物。

2. 形式多样

别墅室内组合盆栽植物的摆放，要追求形式多样，尽可能避免过于简单的摆放，要遵循相关的美学规律，利用箱、盒、槽、盆等多样化的盆栽容器，带来丰富多样的视觉体验。

3. 数量相宜

别墅室内的盆栽植物，对于需要摆设多少盆才可以起到应有的生态或美化效果这一问题，还无定论。但是盆栽数量的设置要与别墅室内空间的大小、装修风格、家居风格等相适应，切不可喧宾夺主。可以巧妙地搭配一些小巧玲珑的组合盆栽植物，并放置在装饰柜、茶几以及窗台上方，最大限度地利用柱子面、墙面以及天花板等垂直空间，借助吊盆混栽一些藤本、蕨类以及花卉等植物，这样不仅能营造色彩多样的绿化效果，还能增强绿化空间的立体感。

（三）创新设计方法

1. 门厅组合盆栽设计

门厅是人们从外面进入别墅内部的入口，是给人留下第一印象的地方，此处的装饰也是不容轻视的。由于门厅通常较窄，所以在为此处设计组合盆栽时，应主要选择枝茎柔软、叶片纤细的植物来进行搭配，例如，可将巴西铁与一叶兰组合在一起，不仅能缓和空间视线，还能给人带来自然、清晰的感觉。

2. 玄关组合盆栽设计

从某种意义上来说，玄关处的组合盆栽既是对客人的"欢迎辞"，又是对别墅主人归来时的慰藉，所以在设计过程中要以热情、简洁为设计理念。再加上玄关的光线通常比较暗，应该尽量选择耐阴的观叶植物，如以蕨类植物、一叶兰、棕竹、绿巨人等植物为主进行组合盆栽设计。此外，组合盆栽的容器形式可选择壁挂式或垂吊式，这样不仅能节约空间，保证通行，又能点缀空白的墙面、空间，起到画龙点睛的作用。

3. 客厅组合盆栽设计

客厅是家庭成员聚集、接待来访客人的场所，也是组合盆栽摆放的重要位置。客厅的装饰风格能够反映出房屋主人的审美风格与水平，因此，此处的组合盆栽设计要与客厅的整体风格保持一致，与周边环境共同营造出一个轻松、优雅、富有生机的环境氛围。例如，房屋主人喜爱琴棋书画，客厅中摆满了字画等古朴典雅的装饰品，那就可以将梅花、菊花、文竹等具有传统意义的植物作为组合盆栽设计的主要植物，以此来彰显房屋主人深厚的文化底蕴。

4. 卧室组合盆栽设计

卧室是人们休息的场所，人一生中的很长一段时间都是在卧室中度过的，所以卧室内的组合盆栽设计也是非常重要的。

在卧室中摆放适当的组合盆栽不仅能够营造出良好的环境氛围，还有助于睡眠，可以减缓疲劳。由于卧室的装饰风格以舒适、宁静为主，所以在设计组合盆栽时，应选择色彩柔和、耗氧量低且香味不会过于浓烈的植物。由于多浆植物的气孔在白天是关闭的，光合作用所产生的氧气到夜晚才会释放，所以这类植物可以成为卧室组合盆栽设计的最佳选择。此外，也可选择能够散发淡淡清香的马蹄莲、薰衣草等植物来完成组合盆栽设计。

第六章　根据季节的组合盆栽创新设计

第一节　春之篇

一、春季组合盆栽的人气植物

春天是百花盛开的季节，也是植物迅速生长的重要时期。在这一时期，部分植物会在短时间内飞快地生长，不适合作为组合盆栽的主体植物。另外，还有些植物不能适应春季过后夏季的高温，所以，要特别注意组合盆栽植物的选择。下面介绍几种春季组合盆栽的人气植物。

（一）矮牵牛

矮牵牛又称为碧冬茄（图 6-1），属于茄科，是一年生草本植物，高度处于 36 ～ 60 厘米，该植物花朵硕大，色彩丰富，群体表现出众，被绿化界称为"花坛皇后"。对于矮牵牛这种植物来说，由于播种时间不同，开花时间也有所不同，花期主要集中在 6 ～ 11 月。

　　根据品种的不同，可以分为横向生长、团簇生长两种形态。矮牵牛作为长日照植物，炎炎夏日也能照常开花，生长期对阳光和水分的要求比较高，尤其是在夏季高温季节，要求阳光充足且盆土湿润，是春季到秋季组合盆栽的常用植物。

图 6-1　矮牵牛

（二）长春花

　　长春花又称为雁来红（图 6-2），主要分布于我国华东、中南以及西南等地区，除了颇具观赏价值外，长春花本身还是一种重要的中草药，具有解毒抗癌、清热平肝的功效。长春花花期通常在每年的 4 ～ 10 月，可以持续大半年时间。

　　长春花喜欢温暖和比较干燥的气候，具有很好的耐干旱能力，但是不耐寒、不耐涝，在梅雨季需要将长春花移至干燥的地方进行管理。根据品种的不同，长春花可以分为横向生长、团簇生长、直立生长三种形态。由于长春花具有良好的耐热性，所以在盛夏时节也能开花。

图 6-2　长春花

（三）半边莲

半边莲又名细米草（图 6-3），属于多年生草本植物，主要分布于中国长江中下游及以南各个省区，具有一定的药用价值，全草可供药用，具有清热解毒、利尿消肿等功效。半边莲花果期通常在 5 ~ 10 月，一年开花两次。

半边莲既能单独进行种植，也能作为绿叶进行搭配。半边莲喜潮湿环境，具有很好的耐寒性，在不采取保暖措施的情况下可以自然越冬，稍耐轻湿干旱，一般生长于溪边、田埂、草地等潮湿处。根据品种的不同，可以将半边莲分为团簇生长、直立生长及横向生长三种形态。

图 6-3　半边莲

（四）千日红

千日红又名火球花（图6-4），是一年生草本植物，高度可达20～60厘米，是热带和亚热带地区一种比较常见的花卉，在中国南北各省均有栽培。千日红花果期通常在6～9月，从春季到秋季可供欣赏。千日红花色鲜艳绚丽、富有光泽，花干后而不凋，经久不变。

千日红是一种喜阳光的植物，对环境要求不高，生性强健，具有良好的耐旱性、耐热性，但是害怕严寒和积水，喜疏松肥沃的土壤。根据品种的不同，可以将千日红分为团簇生长、直立生长两种形态。

图6-4　千日红

（五）常春藤

常春藤又名枫荷梨藤（图6-5），属于多年生常绿攀缘灌木，叶形美丽，在南方各地多用于垂直绿化。果实呈圆球形状，颜色为黄色或红色，花期通常在9～11月，果期在第二年的3～5月。盆栽时，以中小盆栽居多，能够制作出多种造型，既能在室内陈设，也能充当墙面的装饰物，让墙面看起来更加自然美观。常春藤全株都能入药，具有活血消肿、祛风湿的功效。

常春藤属于阴性藤本植物，在温暖湿润的环境中长势较好，也能生长在全日照气候条件下，具有良好的耐寒性。该植物对土壤的要求并不高，喜肥沃、疏松、湿润的土壤，耐盐碱能力比较弱。常春藤是横向生长的植物，它还是一种具有代表性的彩叶植物，被应用于室内和室外多种场合，是制作组合盆栽非常重要的素材。另外，在常春藤的养护过程中，要注意夏季的日晒以及冬季的寒霜。

图6-5　常春藤

（六）蓝星花

蓝星花又名美国兰（图6-6），是多年生常绿植物，原产于北美洲，主要分布于中国的华南南部、华东南部及西南南部。蓝星花株高可达45厘米，花朵较小，蓝艳可爱，宛如繁星，非常适合盆栽，全年均能开花，但以春、夏季为主。

蓝星花属于阳性植物，喜高温、湿润、向阳的环境，枝叶密集，生性强健，具有良好的耐热性、耐湿性、耐旱性，不喜欢阴凉之处。蓝星花是横向生长的植物，花朵在阴处就会闭合，所以要放置于光照充足的地方进行养护。

图 6-6　蓝星花

二、春季组合盆栽的设计

（一）使用色彩鲜艳的小花制作组合盆栽

根据花卉整体的颜色，选用与之色差比较大的盆栽容器，能够很好地突出花朵的美丽，提升组合盆栽的观赏价值。例如，以矮牵牛为核心花材，选择明亮的红色和白色小朵矮牵牛，使两种颜色的矮牵牛交叉分布，再搭配暗深色的盆栽容器，使两者形成鲜明的对比，更加凸显出矮牵牛艳丽的色彩，如图 6-7 所示。

在这个组合盆栽中，所选用的植物都是春季生长旺盛的花卉，基于对整体平衡性的考虑，需要及时修剪生长过快的枝条，以保证较高的观赏性。

图6-7　以矮牵牛为核心花材的组合盆栽

（二）使用春季常见花卉制作组合盆栽

春季常见花卉主要有百日菊、千日红、紫罗兰、金鱼草、月季等，选择几种不同品种、不同颜色的春季常见花卉，设计出色彩斑斓的组合盆栽，能够带给人们较强的视觉冲击感，使人们获得良好的视觉体验。例如，以百日菊、千日红、雨地花为核心花材，以金头菊、蓝花鼠尾草、紫色满天星为辅助花材，以常春藤、五彩苏为核心叶材，构成色彩斑斓的组合盆栽。对于花材的选用，除了百日菊，其他的花材都选择小型的花材，黄色、红色、紫色等多种颜色交织在一起，融合得恰到好处，使观赏者感受到乐曲般的律动。需要注意的是，在所设计的组合盆栽中，由于所选植物的花期普遍较长，为了保持整体的美观性，需要适当地修剪枝条，并施加肥料，避免后期枝条变得凌乱。

（三）使用清爽色系的小花植物制作组合盆栽

一年生的花卉通常都可以在春天播种，到夏天就能开花。在设计春季组合盆栽时，可以选择清爽色系的小花为核心花材，经过精心栽培，这些花卉就能在夏季顺利开花，给人一种清新脱俗的感觉。例如，以野甘草、山绣球为核心花材，以斑叶常春藤、蔓长春花、豆蔻天竺葵为核心叶材，以斑叶倒挂金钟、蓝钟藤、长阶花等为辅助植物，营造一幅山野间的花草景象。在这个组合盆栽中，将蓝色山绣球小花作为主要底部小花，使盆栽底部开满蓝色小花，盆栽顶部选用蓝花鼠尾草、斑叶倒挂金钟等植物，这些植物线条柔美，打造出鲜明的高度差，使组合盆栽不仅自然又充满野趣。而且，通过搭配常春藤和蔓长春花，能够很好地缓解作品的单薄感。

三、对盆栽花卉的春季管理

在春季，对盆栽花卉的管理要注意以下几点：

第一，春季是花卉生长的旺盛期，水分的蒸发量比较大，需要消耗较多的养分，所以为了满足花卉生长需要的养分，必须要施加足够的水肥，当盆土干裂时要及时把水浇足，让盆土吸收水分。或者以一周或半个月为周期为花卉施肥，需要注意的是，在浇水、施肥之前要做好松土工作。

第二，及时修剪冬季过后的枯枝败叶，对于密度过高、患有病虫害的枝条或叶子，要及时进行疏枝或剪截。在修剪过程中，要注意花的习性和所处位置，如金橘、四季橘着花在顶梢，所以只能进行疏枝不能进行短截。对藤本花卉来说，为了促进植株的健康生长，要及时加支柱和进行捆扎，使枝叶分布更加均匀，提高通风性和透光性。

第三，对于常绿花卉来说（图6-8），为了提高其成活率，换盆时间应该选择在花卉发叶之前，天气尽量选择在阴天。

图 6-8 常绿花卉

第四，及时扑灭花卉出现的虫害，尤其是早春蚜虫，要第一时间采取措施以彻底消灭。

第五，很多花木幼苗植株的繁育多在春季进行，夏秋开的草花要及时进行播种，球根花卉要及时进行栽种，多年生花卉要及时进行扦插。另外，早春是仙人掌类花卉嫁接的大好时节。

第六，对于组合盆栽的土壤选择，推荐使用专门种植花草的培养土。如果培养土中掺入了基肥，可以直接进行使用，如果培养土中没有加入肥料，在使用之前尽量加入基肥，以满足植物生长所需的养分。由于组合盆栽中种植着多种植物，百分百适用于每种植物的土壤几乎是不存在的，所以最好制作混合的培养土。

第二节　夏之篇

一、夏季组合盆栽的人气植物

随着夏季的来临，气温逐渐升高，这对于很多植物来说是一个难熬的季节。但是，在诸多植物当中，也有很多不畏烈日开出花朵的花卉，也有在明亮的背阴处不断开花的草花。在夏季设计与制作的组合盆栽，尽量选择耐高温、耐强光的植物，随着秋天的来临，植物花叶的颜色也会越发艳丽。下面介绍一些夏季组合盆栽中比较常见的植物，为组合盆栽的设计提供参考。

（一）波斯菊

波斯菊又名秋英（图6-9），属于一年生或多年生草本植物，高1～2米，原产于北美洲墨西哥，在中国栽培甚广。花期6～8月，果期9～10月。

波斯菊作为直立生长形态的花卉，是喜光植物，耐贫瘠土壤，忌肥，忌土壤过分肥沃，忌炎热，忌积水，对夏季高温不适应，不耐寒。对土壤要求不严，但不能积水。若将其栽

图6-9　波斯菊

植在肥沃的土壤中，易引起枝叶徒长，影响开花质量，需疏松肥沃和排水良好的壤土。部分品种的波斯菊在初夏就会开花，在梅雨季到入夏期间要注重防治白粉病。

由于夏季太阳光照十分强烈，为了避免波斯菊植株不被晒伤，要采取遮阴措施，也可以把其放在阴凉的地方。而且，还要及时为波斯菊浇水，在高温的时候可以 1～2 天浇水一次，并使用喷壶给它喷洒些水，这样能保持空气湿度，为其生长提供一定帮助。

（二）金英

金英又名金虎尾（图 6-10），株高 50～160 厘米，原产于美洲热带地区。花金黄美丽，适合庭院栽培观赏，盆栽可用于阳台、天台绿化。花期 8～9 月，果期 10～11 月。金英金黄色的小花非常适合夏季和秋季观赏，红叶也具有一定的观赏价值。根据品种的不同，金英可以分为直立生长、团簇生长两种形态。

金英喜全日照或半日照，最适宜的生长温度为 22～28℃，喜排水良好的沙质壤土。春、夏季为生育期，每 1～2 个月施肥一次。

图 6-10　金英

（三）天蓝尖瓣木

天蓝尖瓣木又名琉璃唐锦（图6-11），属于多年生植物，产自巴西及阿根廷，株高30～80厘米，全株分布着浓密的白色绒毛。花瓣是淡蓝色，分成5瓣，花期一般都是在每年的4～10月份，只要保证环境温暖，一年四季都能开花。天蓝尖瓣木是直立生长形态的植物，花和叶具有较高的观赏价值，不仅能用于插花和盆栽，还能置于山石边、水畔、花坛等处进行绿化观赏。

天蓝尖瓣木喜温暖、湿润及光照充足的环境，不耐高温，不耐寒。由于天蓝尖瓣木根系不是很发达，属于肉根，比较耐旱，所以良好的配土很重要，要疏松透气，土里多加珍珠岩、粗沙砾、煤渣等颗粒物增加土壤缝隙，不建议直接用购买的营养土，都要重新加颗粒物。

图6-11　天蓝尖瓣木

（四）四季秋海棠

四季秋海棠又名玻璃翠（图6-12），属于多年生常绿草本植物，原产于巴西热带低纬度高海拔地区树林下的潮湿地，株高15～30厘米。四季秋海棠花色丰富，主要有淡红色、白色、红色，蒴果具翅，花期3～12月。叶色光亮，花朵四季成簇开放，花朵有单瓣、多瓣，是园林绿化中花坛、吊盆以及室内布置的理想材料，从古至今都受到众人的喜爱。

四季秋海棠喜温暖、湿润、阳光充足且凉爽的环境，最适宜的生长温度为15～24℃，既怕高温，也怕严寒；喜散射光，而怕盛夏中午强光直射。喜生于微酸性沙质壤土中。

图6-12　四季秋海棠

二、夏季组合盆栽的设计

（一）使用小花植物制作组合盆栽

很多夏季盛开的小花植物开花非常美丽，小巧的花朵十分精致、灿烂，不仅能为周围的环境增添清香气味，还能使人赏心悦目。在夏季盛开的小花植物比较多，如绣球花、红花酢浆草、紫茉莉、天蓝尖瓣木、香彩雀。在夏季组合盆栽的设计中，可以选择一些易于搭配的小花植物，通过小花的花色，制作出能够充分体现清凉氛围的盆栽。

例如，可以选择天蓝色小花的天蓝尖瓣木为核心花材，选用香彩雀、大戟为辅助花材，辅助花材盛开的小花是清新的白色，可以很好地衬托天蓝尖瓣木天蓝色小花的清凉感，以营造清凉的氛围。这三种花卉都具有良好的耐热性，其花朵可以在夏季长期盛开。而且天蓝尖瓣木的枝叶是直立生长状态，可以使整个组合盆栽呈现放射状生长形态，从整体上提升组合盆栽的饱满度。除此之外，为了让植物和花盆更好地融为一体，可以选择一些枝叶下垂的观叶植物，使其垂落在花盆两侧。这样一来，植物和花盆就能完美地融合为一体，提高组合盆栽整体的和谐和自然程度。

（二）使用夏季常见花卉制作组合盆栽

对于盛开于夏季的常见花卉来说，虽然它们看起来平平无奇，但只要搭配一些个性化的观叶植物，也可以制作出风格独特、具有观赏性的组合盆栽，使夏季常见花卉变得高雅且时尚。以万寿菊为例，这种植物的花色由黄色和橙色组成，颜色十分鲜艳明亮，在万寿菊的盆栽设计中，可以搭配沿阶草，使原本常见的万寿菊变得高雅且时尚。具体来说，可以选择 5 株万寿菊，将其均匀地安排到盆栽当中，并将沿阶草安插在这 5 株万寿菊之间的间隙当中，使整个组合盆栽看起来更加和谐、自然，产生舒适的视觉效果。除此之外，为了使组合盆栽更加饱满、圆润，可以将组合盆栽中央的植物安排得略高一些，周围的植物稍微向外部倾斜一些。

（三）使用花期较长的花卉制作组合盆栽

在组合盆栽的设计中，选用一些花期较长的花卉进行组合和制作，并对植株枝条进行适当修剪，有助于提升组合盆栽的观赏价值。例如，四季秋海棠和伏胁花都是花期比较长的花卉，以粉色花朵的四季秋海棠、黄色花朵的伏胁花为核心花材，用两种鲜艳的花色设计盆栽。虽然四季秋海棠花期较长，但是害怕高温、高湿环境，为了改善盆栽的渗水、通风状况，适合将它悬挂起来进行养护。除了核心花材，还可以选择一些枝条下垂且枝叶茂密的观叶植物进行搭配，如五叶地锦，因为如果有植物可以由盆栽容器的边沿自然下垂，可以大幅度提升盆栽整体的观赏效果。由此一来，组合盆栽中不同花色的花卉、不同形态的观叶植物相互映衬，增加组合盆栽的趣味性。

三、夏季对盆栽花卉的管理

夏季全国气温普遍较高，降水量比较多，是大多数花卉的生长期。但是，夏季气候比较炎热，光照比较强烈，如果管理不当，极其容易对花卉的健康成长造成不利影响。因此，夏季必须要加强对盆栽花卉的管理。

第一，对于吸光性盆栽花卉，主要包括月季、白兰、米兰、无花果、一品红以及石榴等，应该放置于阳光充足的地方进行养护。对于一些不耐高温、怕日晒的盆栽花卉，应该放置于通风条件好的阴凉处，常见的盆栽花卉包括君子兰、茶花、兰花（图6-13）等。兰科、天南星科花卉应该放置在散光或弱光环境下进行养护，同时要进行定期喷水、遮阴以及盖盆等。

图 6-13　盆栽兰花

第二，由于气温高，夏季水分蒸发速度比较快，要及时为盆栽花卉浇水，但不要在中午光照强烈时浇水，避免发生吐水现象，抑制植物的蒸腾作用。龟背竹、马蹄莲、水仙等喜潮湿的花卉，对水分要求比较高，每天都要给予花卉足够的水量；茉莉、扶桑、米兰等喜湿润的花卉，应该每天早晚各浇水一次。

夏季是花卉生长的旺盛期，要为盆栽花卉及时提供足够的肥料，通常情况下，组合盆栽花卉可以 7 ～ 10 天施一次稀薄肥液。对于喜酸性土壤的盆栽花卉，可以 10 天为周期为其施加一次矾肥水，在施肥过程中，尽量不要将肥水溅在植物叶片上，避免对植物叶面造成损伤。夏季施肥适合在夜间进行，在正式施肥之前要进行松土，以便于植物根系更好地吸收水肥，同时加快微生物的繁殖生长，进而促进对土壤中有利物质的分解，为盆栽花卉繁殖发育提供更加丰富的营养物质。在施肥次日，还要对盆栽花卉进行浇水。

第三，夏季高温，植株容易出现只长茎秆而不长花或果实的现象，为了避免这种现象的出现，要及时对植株进行修剪、抹芽、摘叶、疏花、疏果。对于春播草花来说，当其生长到一定高度时，为了达到多开花、多分枝的目的，要对其及时进行摘心；对于金橘等木本花卉来说，当年生枝条的长度达到 15 ～ 20 厘米时，为了促使养分更加集中，也要对其及时进行摘心，以便更好地开花、结果；对于观花类花卉，主要包括月季、茶花、菊花等，为了使其开花更大、更鲜艳，要对其花蕾进行及时摘除。另外，一些花卉的枝干或茎基部在夏季经常性出现不定芽现象，不仅会消耗大量的养分，还会对植株的叶型、茎型造成干扰，要及时进行摘除。

第三节　秋之篇

一、秋季组合盆栽的人气植物

（一）菊花

菊花又名秋菊（图 6-14），是中国十大名花之一，花中四君子之一，属于菊科、菊属的多年生宿根草本植物，高 60 ～ 150 厘米。根据栽培形式的不同，菊花可以分为多头菊、悬崖菊、独本菊、案头菊等栽培类型；根据花瓣外形的不同，可以分为乱抱、反抱、飞舞抱、圆抱等栽培类型。在不同类型当中，菊花又被命名为不同的品种名称，所以菊花品种具有极大的多样性。

菊花为短日照植物，最适宜生长温度为 20℃，在短日照下可以提早开花。喜阳光，适应性很强，忌荫蔽，较耐旱，怕涝。喜温暖湿润气候，较耐寒，严冬季节根茎能在地下越冬。菊花植株上下可以开出大量的花朵，栽培难度低，次年植株会长大，单独种植具有更高的观赏价值。

图 6-14　菊花

（二）大丽花

大丽花又名天竺牡丹（图 6-15），属于多年生草本植物，全株高 1.5 ～ 2 米。大丽花在大部分国家均有栽植，品种已有 3 万余个，是世界上花卉品种最多的物种之一。大丽花的花期在 6 ～ 12 月，果期在 9 ～ 10 月。作为世界名花之一的大丽花，不仅花色花形誉名繁多，有花朵直径约 3 厘米的小花品种，也有花朵直径约 30 厘米的大花品种，还具有一定的药用价值，具有活血散瘀的功效。

由于大丽花原产于墨西哥等气候温暖的国家，所以它比较怕冷，喜欢凉爽的气候，喜半阴环境，光照过强会影响开花。9 月下旬开花最大、最艳、最盛，但不耐霜，霜后茎叶立刻枯萎。大丽花不耐涝，不耐干旱，喜疏松、排水良好的肥沃沙质土壤。

花朵为小型到中型的大丽花比较适合用于组合盆栽中，或者在花盆内种植。大型花朵的大丽花具有较强的视觉冲击力，比较适合庭院种植，吸引众人的目光。在与其他花草混栽的过程中，大丽花适合与深颜色的秋季花草进行搭配，以打造醒目、时尚的视觉美感。若想让大丽花花朵开得大，可以摘掉侧芽，酌情减少花朵数量。另外，由于大丽花的植株比较高，为了避免在盆栽中发生倒伏，可以架设支架。

图6-15 大丽花

（三）狼尾草

狼尾草又名狗尾巴草（图6-16），属于多年生草本植物，原产于南非，秆直立，丛生，高30～120厘米。狼尾草的花果期在夏秋季。狼尾草的叶子是细长的红褐色，颇具观赏价值。近些年来，由于出色的装饰效果，狼尾草的人气持续上升。

狼尾草喜阳光充足的环境，耐旱、耐湿，亦能耐半阴，具有较强的抗寒性，适合温暖、湿润的气候条件，当气温达到20℃以上时，生长速度加快。在光照不足的情况下，狼尾草的叶子颜色会变得越来越模糊，所以，应尽量将狼尾草栽种在光照充足的地方。

狼尾草的观赏季节可以从夏季一直持续到秋季，夏季适合与颜色浓艳的花卉搭配到一起进行混栽，如万寿菊、松果菊；秋季适合与较高的植物搭配到一起进行混栽，充分利用狼尾草毛茸茸的蓬松花序，营造清雅别致、意趣十足的气氛。

图 6-16　狼尾草

（四）蕾芬

蕾芬又名数珠珊瑚（图 6-17），原产于热带美洲，属于多年生直立草本植物，全株高 30 ～ 100 厘米。花白或粉红色，浆果为红色或橙色的稍扁球形。

蕾芬在春天会开出白色或粉红色小花，随着秋天的来临，不同品种会结出各种颜色的果实，主要有黄色、粉色、红色等。蕾芬是一种喜湿的植物，在栽培过程中要注意不断为其补充水分。

图 6-17　蕾芬

（五）彩叶红桑

彩叶红桑属于大戟科灌木（图6-18），原产于太平洋岛屿，高度最高可达4米，种子球形，全年花期。彩叶红桑褐红色的叶片中掺杂了其他颜色，当长出花穗之后会具有更加浓郁的秋天氛围。彩叶红桑喜高温、多湿环境，耐高温，抗寒能力比较差，不耐霜冻。

图6-18 彩叶红桑

（六）五彩苏

五彩苏又名锦紫苏（图 6-19），原产于亚热带地区，属于多年生的草本类观叶植物，花期 4～9 月份。五彩苏具有株型美观、色彩多样、繁殖简便和易于造景等特点，在全国不同地区的园圃中普遍栽培，主要用于观赏。小叶品种的五彩苏更适合用来制作组合盆栽。

五彩苏为喜温性植物，适应性强，冬季温度最低不能低于 10℃，夏季高温时稍加遮阴，喜充足阳光，如果光线充足叶色能一直鲜艳。

图 6-19　五彩苏

二、秋季组合盆栽的设计

（一）使用结果植物制作组合盆栽

在秋季，有很多植物都能结出果实，以结果植物为核心花材，选用观叶植物进行巧妙搭配，充分凸显植物果实的美感，使整个组合盆栽色彩更有层次感。例如，选用果实成串的蕾芬作为核心花材，再选择一些美丽的观叶植物，如匍匐筋骨草、万年草、矾根。本身蕾芬的红色果实已十分显眼，所以不需要再搭配其他颜色的花朵，只要搭配紫色叶片的葡匐筋骨草、黄色圆叶的万年草、深紫色矾根等各种颜色的观叶植物，从而更好地衬托蕾芬红色的果实。除此之外，为了更好地突出蕾芬枝条的曼妙姿态，所安排的观叶植物的高度要相对较低，以使组合盆栽的观赏价值更上一个台阶。

（二）使用高个子植物制作组合盆栽

进入秋季之后，气温逐渐下降，常有刮风天气出现，草类植物随风摇曳，洒下斑驳的阴影，为人们带来一种专属于秋季的美感。如果想设计出类似感觉的组合盆栽，可以选择一些高低不同的植物进行混栽，并选用比较高的盆栽容器，提升整体的协调感。例如，可以选择狼尾草等高个子植物为主体植物，将这些植物栽种在盆栽容器的后方，并尽量让它们的草穗倾斜到左右两侧。在盆栽容器前方，可以种植一些矮个子的小花花卉，如大丽花、菊花，起到吸人眼球的效果。在小花花卉和高个子植物之间，可以栽种一些株高适中的植物起到过渡作用，如佩兰。如此一来，组合盆栽整体的颜色是以红色或橙色为主的暖色系，能够营造浓郁的秋日氛围。

（三）使用穗状花卉制作组合盆栽

选择大、中、小三种规格的植物，将这些植物混栽到盆栽花篮中，设计出具有立体感的花篮，并悬挂到墙壁之上，能够带给人一种新颖的感觉。例如，在花篮盆栽的设计过程中，选择盛开着诸多粉色花序的帚石南作为盆栽的核心花材，选择盛开着亮黄色花朵的酢浆草为辅助花材，起到装饰作用，从整体上提升组合盆栽的华丽感。其次，盆栽两侧可以选择一些挺拔的观叶植物，如臭叶木、芙蓉菊，更好地衬托盆栽的主角。最后，选择一些枝条下垂的植物栽种到花篮的前部，如亚洲络石、头花蓼，为盆栽整体增加更多的流动感和生机活力。

三、对盆栽花卉的秋季管理

秋季气候逐渐转凉，大部分花卉又进入了生长旺季，做好盆栽花卉的秋季管理工作尤为重要，对花卉今后的茁壮成长、顺利开花和结果具有重要影响。

第一，对于观叶为主的盆栽植物来说，如铁树（图6-20）、松柏、棕竹、吊兰、文竹等，为了能够使其叶片一直保持翠绿，应该追肥1～2次，还能提升盆栽植物入冬后的御寒能力。

图6-20　铁树组合盆栽

第二，对于以观花为主要作用的植物来说，如杜鹃、蜡梅、茶花、菊花等，以及金橘、果石榴等观果类植物来说，立秋之后部分植物就会进入孕蕾期，部分植物已经花苞满枝，为了让这些植物日后开出更多、更大的花，果实更加饱满，应该为其施加以磷肥为主的肥料。

第三，对于一年开花多次的植物来说，如四季海棠、天竺葵、茉莉以及月季，这些植物在入冬后还可以继续开花，所以要加强对这些植物的肥水管理，为其提供足够的养分，使其能够不断开花吐香。

第四，通常来讲，对于露天过冬的盆栽花卉，在霜降来临之前，应该停止对其追肥，否则容易出现营养过剩的情况，致使花卉不断抽出新生的嫩枝，使花卉越冬抗寒能力降低，出现冻害的情况。与此同时，还需要做好松土、除草等工作。

第五，对于大部分盆栽花卉来说，为了使其顺利越冬，寒露节气过后，就不需要再进行施肥。随着气温的不断降低，对于早春、秋冬开花以及秋播草花来说，可以根据花卉的实际需要对其进行浇水，其余花卉应该逐渐减少浇水频率和浇水量，只要盆栽土壤湿润就不需要进行浇水，避免水肥过量，导致植物只长茎秆而不长花或果实的情况，不仅会影响到花芽分化，还容易使花卉遭受冻害。

第四节 冬之篇

即便是在气候寒冷的冬季，也有很多植物不畏严寒，竞相开放，其中不乏一些花期提前的植物，开花季节由原本的春季提前至冬季。因此，通过精心设计与搭配，冬季也能制作出观赏性极佳的组合盆栽。

一、冬季组合盆栽的人气植物

（一）仙客来

仙客来又名萝卜海棠（图6-21），原产于希腊、叙利亚、黎巴嫩等地，属于多年生草本植物，株高20～30厘米。作为一种普遍种植的鲜花，仙客来适合种植于室内花盆，冬季则需温室种植。仙客来花期持续时间比较长，通常在冬季的 11 ～ 12 月份开放，并一直持续到次年的 2 ～ 3 月份，如果养护得当，花期可达 5 个月。

　　仙客来性喜温暖，惧怕高温天气，喜凉爽天气以及富含腐殖质的肥沃砂质壤土。较耐寒，在低于 0℃ 的天气中不致受冻。秋季到次年春季为其生长季节，夏季半休眠，冬季适宜的生长温度在 12 ～ 16℃ 之间，促进开花时不应高于 22℃，周围温度超过 30℃ 时植株将进入休眠，35℃ 以上植株易腐烂、死亡，冬季可耐低温，但 5℃ 以下则生长速度缓慢，花色暗淡，开花数量少。仙客来可以运用到各种题材的组合盆栽中，从市面上能够购买到的仙客来的带花小苗，通过与其他花卉进行混合栽培，可以从秋季持续观赏到次年的春季。

图 6-21　仙客来

（二）羽衣甘蓝

　　羽衣甘蓝又名牡丹菜（图 6-22），原产于地中海沿岸至小亚细亚地区，属于二年生观叶草本花卉，株高通常为 20 ～ 40 厘米，叶色非常丰富，主要有玫瑰红、黄、粉红、白、青灰等色。叶片的观赏期为 12 月至次年的 3 ～ 4 月份。与卷心菜一样，羽衣甘蓝也是十字花科的植物，能够当作蔬菜供人食用。羽衣甘蓝的叶片具有层次感，多层叶片包裹成半球形，当气温下降之后它的中心部分会变成白色或红色。最初羽衣甘蓝的植株比较大，但最近几年涌现出了很多小型的园艺品种。随着新品种越来越多，羽衣甘蓝的外形和颜色趋于丰富。另外，最近几年甚至涌现出了颇具高度的高生羽衣甘蓝。

　　羽衣甘蓝喜冷凉、温和气候，耐寒性较强，经炼苗能耐零下 12℃ 短时间低温。较耐阴，但充足光照下叶片生长快、品质好。需水量较大，干旱缺水时，叶片生长缓慢，但不耐涝。对土壤要求不严，土壤适应性较强，喜富含丰富腐殖质的肥沃的壤土或黏质壤土。

图 6-22　羽衣甘蓝

（三）香雪球

香雪球又名小白花（图 6-23），原产于地中海沿岸地区，属十字花科多年生草本植物，株高可达 40 厘米，花瓣白色或浅紫色。花期分为两种，温室栽培的花期为 3 ～ 4 月，露地栽培的花期为 6 ～ 7 月。

香雪球喜欢冷凉气候，惧怕酷热，耐霜寒。喜欢较干燥的空气环境，如果阴雨天时间过长，比较容易受病菌侵染。害怕雨淋，适合空气相对湿度为 40% ～ 60%，注意晚上要保持叶片干燥。

香雪球是冬季组合盆栽中的著名配角，拥有十分丰富的花色，与任何植物搭配起来都十分协调。

图 6-23　香雪球

（四）野芝麻

野芝麻又名龙脑薄荷（图 6-24），分布于中国、俄罗斯等地，属于多年生直立草本植物，茎高达 1 米。花期 4 ～ 6 月，果期 7 ～ 8 月。野芝麻不仅能用于园林花景，还是非常重要的蔬菜资源，具有较高的开发利用价值。

野芝麻喜温暖、潮湿的环境，喜充足的散射光，适宜的生长温度为16～25℃，具有良好的耐热性、耐寒性、耐旱性。

图 6-24　野芝麻

（五）风信子

风信子又名五色水仙（如图 6-25），原产于地中海沿岸及小亚细亚一带，属多年生草本球根类植物，全株高 15～50 厘米。风信子自然花期为 3～4 月，通过应用现代栽培技术，花期可延长至秋冬春三季。全世界风信子的园艺品种有 2000 种以上，主要分为"荷兰种""罗马种"两种类型。

风信子喜阳、耐寒，在凉爽湿润的环境和疏松、肥沃的砂质土中长势良好，忌积水。喜冬季温暖湿润、夏季凉爽稍干燥、阳光充足或半阴的环境。喜疏松肥沃、排水良好的沙壤土。土培、盆栽、水养均可。

图 6-25　风信子

（六）报春花

报春花又名小种樱草（图 6-26），是典型的暖温带植物，属二年生草本植物，花葶高可达 40 厘米。花期为 2～5 月，果期为 3～6 月。花冠为粉红色、淡蓝紫色或近白色，花色丰富，花期长，具有较高的观赏价值。

报春花性喜光，但忌强烈阳光照晒，夏季幼苗期应把盆株放于阴凉通风多见散射光处。从 9 月份起，可使盆株多接受些散射光照，从 10 月起，可将盆株置于全光照下，使其多接受晚秋光照，促进其生长和花芽分化。报春花喜温暖，稍耐寒，最佳生长温度大约为 15℃，冬季室温宜保持在 10℃，可以在不低于 0℃ 的环境中越冬，夏季温度不能高于 30℃，由于怕强光直射，所以要采取遮阴降温措施。喜湿润环境，但不宜浇水过多，若盆土过湿会沤烂根部。

图 6-26　报春花

二、冬季组合盆栽的设计

（一）使用冬季常见花卉制作组合盆栽

冬季常见花卉主要有三色堇、一串红、君子兰、鹤望兰等，选择一些冬季常见花卉制作组合盆栽，通过恰到好处的搭配，为寒冷的冬季增添一抹温暖。例如，可以选择花期较长的堇菜属花卉，堇菜属花卉如三色堇作为核心花材。在正式搭配之前，要设计好不同植物的位置，首先，将深红色、粉色和黄色的三色堇混合栽培到盆栽容器中；其次，选择一些观叶植物布置在盆栽的上部和下部进行装饰，如常春藤，营造出一种流动的感觉。这样一来，不仅从整体上使组合盆栽富有生机活力，还能提升盆栽的和谐性。

（二）使用矮个子植物制作组合盆栽

在冬季组合盆栽的设计中，可以选择一些低矮开花植物，并搭配一些深色的观叶植物，将这些植物统一安排到比较浅的容器中，使盆栽从整体上看上去十分茂密、蓬松。例如，找一个口径宽阔、深度浅的盆栽花篮，以低矮紧凑的多花报春为核心花材，并搭配矾根、沿阶草、红脉酸模，将较高的植物安排在盆栽的中间位置，植物高度由中间向四周逐渐降低，使花朵集中分布在盆栽植株下部的位置。通过这样的设计，构建出漂亮的椭圆形盆栽，提高盆栽植物整体的蓬松感，为整体增添些许华丽感，从而大幅度增强观赏效果。如果整个组合盆栽的植物都选用开花的植物，观赏效果并不一定十分明显，而通过恰当地加入一些观叶植物，反而会提升组合盆栽的魅力。尤其是在盆栽的边沿位置，可以选择一些枝条下垂的植物进行安插，通过制造流动感，给盆栽增添更多生机。

（三）使用球根植物制作组合盆栽

球根植物指的是根部呈球状或者具有膨大地下茎的多年生草本花卉，一般常见的有风信子、百合、郁金香、水仙花、洋水仙等，还有些知名度不高的品种，包括番红花、葡萄风信子等。球根植物具有非常独特的观赏特性，不仅拥有可爱的球根，其显著特征就是花朵的侧面轮廓也十分优美。将球根植物巧妙地组合到一起进行栽培，能够突出植物的可爱之处，增强组合盆栽的美观性。而且，发出新芽的球根，能够在寒冬中预先带来春天的气息。例如，选择一个透明的盆栽容器，因为透明容器能够将球根植物的优势发挥到极致，将白色、粉色的风信子、葡萄风信子、阿尔泰贝母这几种花卉混合栽种在一起，不同品种的球根植物排列在一起非常美观，不需要再安插多余的观叶植物。同时，盆栽容器中还可以添加一些腐殖土、小树枝、苔藓等，营造森林的氛围。除此之外，由于球根完全埋在土中容易引发烂根，所以，为了保护球根植物，需要将球根故意露出一部分，同时也能使盆栽看上去更加美观。

三、对盆栽花卉的冬季管理

进入冬季之后，气温逐渐下降，尤其是北方地区，气温较为寒冷，气候比较干燥，如果没有做好盆栽花卉的浇水、施肥、养护工作，容易出现树枝干枯、叶片脱落以及根系腐烂等一系列问题，对组合盆栽的观赏价值造成不利影响。因此，冬季盆栽花卉的管理工作尤为重要。

第一，对于一些原产于热带、亚热带的花卉，冬季必须要全力做好防冻保暖工作。如橡皮树、福禄桐（图6-27）、扶桑、茉莉、君子兰、珠兰、米兰以及各种多肉植物，随着霜降季节的来临，应该立即移至室内或温室，周围环境温度不能低于0℃，并布置在有光照的地方。盆栽土壤的湿度不要过高，盆土干了再进行浇水即可。除此之外，还要及时停止施肥，避免植株出现只长茎秆而不长花或果实的情况。直到次年清明节之前，组合盆栽要一直放置在室内，之后才可以逐步移至室外。

图6-27　福禄桐组合盆栽

第二，对于抗寒能力比较强的盆栽花卉，如茶花、杜鹃、含笑，不需要移至室内越冬，在室外可以自然越冬。如果将这类盆栽花卉移至室内，空气流通条件欠佳，再加之室内湿度比较高，反而容易导致植株叶片的脱落。只有遇到冷空气侵袭或严重冰冻的情况，才可以将这类花卉临时移至室内。这类盆栽花卉的过冬条件是将室温保持在大概 0℃，并布置在避风向阳的地方。

月季、松、柏、海棠、雀梅、榆、枫等花卉，具有较强的御寒能力，冬季都可以在室外过冬。当然，如果有个别花卉出现生长不良的情况，需要及时采取临时性、有效性的保暖措施。

第七章　根据植物习性的
组合盆栽创新设计

第一节　对光照的要求

阳光是植物赖以生存的必要条件，是制造有机物、进行光合作用的重要能量来源。对组合盆栽进行设计时，必须要充分考虑植物对光照的要求，将对光照要求相似的植物组合在一起进行栽种，在保证植物正常生长的同时，提升组合盆栽的观赏价值。[①]

一、多肉植物组合盆栽的设计

多肉植物品种繁多，且姿态各异，色彩丰富，不同种类的多肉植物组合在一起可呈现小巧可爱、生机盎然的景象，现如今受到广大年轻人

---

① 朱文杰，郑鸣洁，康瑜国.不同光照强度对三种藤本植物光合作用的影响 [J].中国农学通报，2022，38（26）：27-31.

的欢迎与喜爱。多肉植物的颜色主要有红色、绿色、紫色、黄色、银色等，充分利用不同高度、株型、色彩、质感的多肉，如生石花、黑法师、十二卷、新玉缀、虹之玉等，以及佛珠、紫玄月、珍珠吊兰等枝干下垂的多肉，再搭配枯木、人偶、动物等配件，可制作出一盆生动有趣的微型景观。需要注意的是，多肉植物组合盆栽不要选用有刺或生长太快的品种。

光线对于多肉的成长是必要的，也是很关键的要素。大部分的多肉对光照的需求度都很高，除了十二卷类、玉露和玉扇类的多肉对光照的需求度不高以外，其他多肉都需要充足的光照。如果长期将植株放在很暗的地方，见不到足够的光，植株的长势就会变弱，而且也会影响植株的颜色，导致叶子缺乏光泽，降低观赏价值。因而，要想让植株长得旺，一定要提供充足的光线。但是并不是越强越好，不可暴晒在太强烈的光之下，同时也需遮阴。基于多肉植物对光照的要求，可以将其放在室内光线最充足的南向窗台或阳台，但夏季不能暴晒在烈日下，有些品种容易晒伤。春秋生长旺季，可每周浇 1 次水，夏季或冬季休眠期，可以每个星期在叶片上喷少量水雾保湿，防止叶片干瘪，影响观赏，注意避免盆土或叶簇间积水，否则易导致烂根甚至整株腐烂。多肉组合盆栽应保持刚组合好时小巧玲珑的模样，不需要其快速生长，所以不用施肥。

二、蝴蝶兰组合盆栽的设计

蝴蝶兰为兰科多年生草本植物，花形似蝶，花期长、花色丰富，有"兰花皇后"的美誉。蝴蝶兰种类繁多，花姿优美，大、中、小花型齐全，因此在组合盆栽中应用广泛。

蝴蝶兰原产于亚热带、热带雨林地区，喜温暖、潮湿、半阴的生产环境。在不同季节，由于光照的强度有所不同，所以蝴蝶兰对光照的需求也会不一样。在春秋季，光照不强不弱，对蝴蝶兰来说非常适宜，可放在半阴处，让它多接受散光照，这样植株整体的长势会变得更旺盛。夏季的温度过高，光照也非常强烈，此时不能暴晒，要采取遮光措施。最好搭建遮阴网，遮挡大部分的阳光，否则暴晒下很容易晒伤。此外，还要多通风，不可以让它长时间处在闷热的环境中，否则容易感染病虫害。冬天的温度低，光照很柔和，可将蝴蝶兰放在光照足的地方，让它多晒太阳，可晒全天的光照。光照足能增加植株自身的温度，对过冬有利。另外，注意此时要控温，温度最低要在 10℃ 以上。

根据蝴蝶兰对光照的要求，蝴蝶兰组合盆栽有多种形式，可以将 6～12 株单一品种的蝴蝶兰组合在一起，配以蕨类、网纹草、常春藤等观叶植物，商品性强，这是蝴蝶兰市场销售的主要形式。由不同花色的 2 种或 2 种以上蝴蝶兰，以孤植、丛植、对植等方式，设计分布在盆器中，搭配兜兰、树兰、文心兰、米尔特兰、红掌、文竹、蕨类、猪笼草、苔藓等，辅以架构、枯木、山石、动物模型等配件，艺术感和观赏性更强，可以再现蝴蝶兰原生的热带雨林环境，或烘托热烈的节日气氛。

三、水生植物组合盆栽的设计

水生植物组合盆栽的主花可选择荷花、睡莲、鸢尾等花期长、花色艳丽的水生花卉；可用于搭配的水生植物有千屈菜、梭鱼草、香蒲、水葱、铜钱草等。水生植物配置要注意色彩和谐、质地变化、比例适宜，并预留适度的生长空间。

水生植物生长的重要因素就是光照，由于水生植物的种类对光照强度和光照时间的要求不同，具体可分为喜光水生植物、耐阴湿水生植物、中生性水生植物，根据水生植物生长发育所需日照时间的长短，可分为短日照水生植物、长日照水生植物、中日照水生植物，具体如下：

（一）喜光水生植物

完全暴露在光照条件下，如莲属、睡莲属、千屈菜属等。

（二）耐阴湿水生植物

需要进行 60%～80% 的遮阴，如水蕨、天南星科植物、伞草属等植物。

（三）中生性水生植物

需要遮阴 40%，不耐夏日高温暴晒，如黄花蔺、泽泻、薄荷等水生花卉属此类。

（四）短日照水生植物

日照时间短、透光度弱、发育快，如水筛属、水车前属、水蕨等。

（五）长日照水生植物

日照时数越长，发育越快，结实率高，如芡实属、王莲属、睡莲属、萍蓬草属等露地栽种水生花卉植物。

（六）中日照水生植物

对日照长度的要求不高，生长发育和开花不受日照长度的影响，如伞草、虎耳草、龟背竹等水生花卉。

根据水生植物对光照的要求，可以将相似植物组合起来进行混栽，如睡莲、荷花性喜强光、温暖湿润的生长环境，可置于南向阳台、露台等采光的地方，否则光照不足，会影响其开花的质量和数量。

四、观叶植物组合盆栽的设计

按照观叶植物对光照强弱的要求，观叶植物大致可分为三种类型：

（一）阴性观叶植物

在原产地多生于山间峡谷的林荫下、高山阴坡或热带雨林中。其特点是能在较暗的散射光条件下正常生长，畏阳光暴晒，适合室内陈设。如龟背竹、文竹、肾蕨等。

（二）中性观叶植物

多数原产于热带沿海地区及江河湖岸两侧的山野上，这些地方雨水多，空气湿度大。因此，此类植物不宜在阳光下暴晒，冬季则需移入室内或温室内，如南天竹、苏铁等。

（三）阳性观叶植物

一年四季均需充足的阳光，否则呈徒长状态，枝条变弱、茎间伸长、叶片黄化，甚至落叶。春、夏、秋季均应露天养护，若室内陈设 10 ～ 15 天，即需轮换一次，冬季入温室后应置于向阳窗附近。

尽管由于产地的不同，观叶植物对光照的要求千差万别，不过有一点是共通的，就是植物的生长发育必须有阳光，不同的仅是强弱不同而已。如凤仙花、含羞草、瓜叶菊、金盏菊、桂竹香等。

观叶植物组合盆栽主要由耐阴性强的观叶植物，如玉簪、常春藤、文竹、吊竹梅、紫金牛、一叶兰、冷水花、观赏蕨等组成。文竹、蕨类植物具有独特的叶态、叶形和叶色，可作为主体植物，充分展现"无花之美"。蔓生的常春藤、吊兰等可种植在盆器边缘，悬挂的枝叶可以增强作品的灵动感，并有视觉延伸的效果。观叶植物组合盆栽可置于室内阳光不足处，只需一定的散射光，就可以正常生长，与其他种类的组合盆栽相比，其对生长环境的要求更低，养护管理更粗放，适合更多家庭。

第二节　对水分的要求

水分是植物生长发育必不可少的外界条件，是植物进行各种生命活动的重要基础。首先，水是植物体重要的组成部分，通常情况下，植物体含水量为 75% ～ 80%，个别品种的植物体含水量超过 90%。其次，水是植物进行光合作用的重要原料，还是植物体内物质转运的溶剂，土壤中蕴含着无机盐类物质，这些物质只有通过水的溶解才能成为土壤溶液，并被植物的根系有效吸收，进而通过输导组织输送至植物的各个器官。植物生长所需要的水分主要来自于土壤，但空气湿度也是影响植物生长发育的直接因素。

一、土壤湿度和空气湿度对植物生长的影响

（一）土壤湿度对植物生长的影响

通常情况下，土壤湿度用土壤含水量的百分数进行表示。植物在生长期间所需要的水分，主要是通过根系从土壤中吸收而来的，所以，通常土壤最适宜的含水量是维持田间持水量的 60% ～ 70%。当土壤含水量超过 80% 时，土壤中的空气含量会降低，这就会导致植物根部无法进行顺畅呼吸，进而生长停止，根系逐渐腐烂。但是土壤含水量也不能过低，因为这会增加土壤溶液浓度，对植物根系对无机盐以及水分的吸收造成不利影响，甚至根毛细胞会发生反渗透现象，最终导致植物的死亡。

（二）空气湿度对植物生长的影响

通常情况下，空气湿度用空气相对湿度进行表示。大部分植物生长期间要求空气湿度达到 65% ～ 70%。对于不同品种的植物来说，由于原

产地气候类型有所差异，所以对空气湿度的要求也有所不同。例如，原产于亚热带、热带的观叶植物，尤其是有气生根的植物品种，对空气相对湿度的要求比较高；原产于干旱地区的肉质多浆花卉对空气相对湿度的要求比较低。

在自然条件下，空气湿度会发生一种具有规律性的变化。在一年四季之内，内陆干燥地区空气湿度最大的季节在冬季，空气湿度最小的季节在夏季。而在季风地区，空气湿度最大的季节在夏季，空气湿度最小的季节在冬季。在一天之内，空气湿度最大的时间在午后，空气湿度最小的时间在清晨。但是在山顶或海边，空气湿度的变化并不显著，甚至趋于一致。

二、植物生长对水分的要求

不同品种的植物对水分的要求各不相同，在园林当中，通常露地植物的生长要求湿润的土壤，但由于植物品种有所差异，它们的抗旱能力也有比较显著的差异。通常情况下，宿根植物的根系比较强大，可以持续深入地下，所以大部分种类的宿根植物都具有一定的耐干旱性。与宿根植物相比，一二年生植物和球根植物的根系的发达程度较弱，耐旱能力也比较弱。根据植物对水分要求的不同，可以将植物分为以下几种类型：

（一）旱生植物

这类植物具有较强的耐旱能力，在生长期可以长时间在干旱土壤或干燥空气中进行生长。从生理特性来看，旱生植物具有良好的适应干旱环境的能力以及发达的旱生形态，这样的生理特性能够很好地减少植物体水分的蒸腾。例如，旱生植物的叶片比较小，或者逐渐退化成针状、毛刺状叶片；为了保存体内的水分，旱生植物的茎、叶肉质化；茎、叶表皮的角质层比较厚，气孔呈下陷形态；叶表有一层厚的茸毛，减少体内水分蒸发的速度。另外，旱生植物的根系比较发达，具有较强的吸水能力。上述这些旱生植物所具备的特征，大幅度提升了这类植物适应干旱环境的能力。这类植物以原产于沙漠等炎热干旱地区的景天科、仙人掌科植物为主。

（二）湿生植物

湿生植物指的是生长在空气湿润或土壤含水量高的环境中的植物。湿生植物对土壤含水量和空气相对湿度的要求比较高，主要包括观叶海棠、海芋、鸭跖草、白网纹草等。

（三）中生植物

这类植物介于水生植物和旱生植物之间，对水分的要求相对较为适中，不仅无法长时间忍受干旱环境，也无法长时间在水涝条件中进行生长。大部分植物都属于中生植物。在中生植物中，部分品种的生态习性更倾向于旱生植物的特点，部分植物的生态习性偏向于湿生植物的特点。

（四）水生植物

水生植物指的是自然漂浮在水中或者是生长在淡水深处的土壤中的植物。这类植物的根、茎、叶内拥有通气组织，可以与外界环境相互连通，吸收空气中的氧气，为根系呼吸提供充足的氧气。水生植物主要包括泽泻、凤眼莲、荷花、睡莲、王莲等。很多水生植物在园林水景中扮演着重要角色，部分水生植物可以进行盆栽以供观赏。

三、植物开花对水分的要求

在植物的生长发育过程中，开花是一种非常重要的生理现象，也是组合盆栽中不能忽视的一大问题。对于观花类和观果类植物来说，很多组合盆栽的设计都需要围绕开花结果这一中心进行。

对于观花类植物来说，水分对其花期、花色、花芽分化、花芽发育具有非常重要的影响。营养生长向花芽分化期的转化是一个十分关键的阶段，必须要保证观花类植物有适当的水分供应，因为如果水分供应不足，观花类植物的正常生长会受到一定阻碍，如果水分供应过多，会影响到花芽的形成。所以，为了促进观花类植物花芽的分化，如碧桃、梅花，需要经常采取"扣水"的措施，来更好地调节营养，促进植物的生长及花芽的正常分化。在柑橘类、茶花等观花类植物开花期间，要合理控制土壤水分，如果土壤含水量过少，容易造成植物开花不良、花期缩短；如果土壤含水量过高，容易出现落花、落果等问题。另外，空气湿度对植物的花期、花色、花芽分化、花芽发育也具有很大影响。如果空气湿度过低，容易造成植物花期缩短、花色变淡等问题；如果空气湿度过高，容易引发植物花瓣霉烂，加重病虫害。以种子繁殖为主的植物，在植物开花过程中必须要保证良好的通风条件，尽可能避免将水分喷洒在花朵上，以免影响到植物正常的授粉受精，以达到提升结实率的目的。

四、基于植物对水分的要求的组合盆栽的设计

基于相似性原则，根据植物对水分的要求，将同一类型的旱生植物、湿生植物、中生植物、水生植物组合到一起进行栽种，以便后期进行正常的养护，促进盆栽植物更好更快地生长。

例如，在组合盆栽的设计中，可以选择黑茎海芋为主体植物，冷水花为辅助植物，这两种植物的原产地主要是热带地区，对水分的要求非常相近，还都喜欢湿润、温暖、半阴的环境，不能忍受长时间的光照，最适宜的生长温度在20℃到30℃之间，养护起来也很方便。而在花盆的选择上，要选择有纵深的大号花盆，使用营养土进行栽培，这样长势自然不会差。又如，以仙人掌类植物为例，其不耐水涝，具有较强的耐旱性，可以组合到一起进行栽种，花盆需要使用浅口花盆，而栽植用的培土，也应该以鹅卵石、沙质土、沙砾等粗颗粒植料为主。

第三节 对基质的要求

盆栽植物与地栽植物的生长环境存在很大差异。与花园地栽植物相比，在盆栽容器内生长的植株，其根系所能分布的土壤的深度比较浅，而且土壤总量比较少。浅土层容易在接近容器底部的地方形成一个滞水层，导致土壤通气性不佳。另外由于容器的体积有限，土壤所能贮存的水分和营养物质也比较有限，所以需要增加浇水和施肥的次数。如上所述，由于土层浅，浇水后易导致滞水层的出现和保留，导致土壤通气不良，根系生长受阻，进而影响整个植株的正常生长。因此，盆栽植物对基质的要求更加严格。

一、植物对营养元素的要求

在植物的生长发育过程中，需要不断从周围环境中摄取营养成分，以维持其正常生长发育所必需的大量能力。植物所需的营养元素有碳、氢、氧、氮、磷、钾、硫、钙、铁、镁等。前 3 种元素是植物从空气和水中吸取的，其余几种元素则需要植物从土壤中进行吸收。另外，植物生长还需要大量微量元素，主要包括硼、锰、铜、锌、钼、氯等。植物对磷、氮、钾的需求量要比土壤自身的供应量大得多，所以可以通过调配土壤基质来加以补充。下面介绍植物对磷、氮、钾三种营养元素的要求。

（一）磷

磷是植物细胞核、酶的组成成分，能促进细胞分裂和根系的发育，还能促进种子发芽；提早开花结实；增强花卉的抗旱抗寒能力。磷不足则会影响花卉幼苗生长及后期的开花结实。

（二）氮

氮是蛋白质、叶绿素、各种酶的组成成分，植物体内的维生素、激素、生物碱等有机物中也含有氮素。氮一般聚集在植物幼嫩的部位和种子里。氮素供应充足时，植物枝繁叶茂、叶色深绿，延迟落叶。氮素不足则会造成植株矮小，下部叶片首先缺绿变黄，并逐渐向上部叶片扩展，叶片薄而小。氮肥施用过多，尤其在磷、钾供应不足时，会造成植株徒长、贪青晚熟、易倒伏、感染病虫害等现象。

（三）钾

钾虽不直接组成有机化合物，但参与植物体内的代谢过程，在其中发挥调节作用。在植物体内，钾以离子状态存在，通常分布在生长最旺盛的部位，如芽、幼叶、根尖等处。钾能促进叶绿素的形成和光合作用；使花卉生长强健、茎坚韧、不易倒伏，增强抗病及耐寒能力。

二、营养元素缺乏对花卉产生的影响

花卉在生长发育过程中，需要多种元素，一旦缺乏某种元素，则首先在叶片上表现出来。缺氮、磷、钾、镁、钼等，症状从老叶上出现；缺铁、硫、锰、铜、硼、钙等，症状从新叶上出现。

（一）缺氮

老叶均匀黄化后延至中心，全株叶色黄绿、干枯但不脱落。出叶慢，分枝少，根系发育不良。

（二）缺磷

自老叶开始，植株呈浓绿色，茎叶带紫红色，以后叶片黄化易脱落。

（三）缺钾

老叶出现黄、棕或紫斑。叶尖枯焦，向下卷曲，叶片由边缘向中心变黄，但叶脉仍为绿色。

（四）缺锌

叶脉间出现黄斑，逐渐变褐或紫色后枯死；再蔓延至新叶，使之白化；植株出现小叶。

（五）缺硫

植株矮小，开花延迟，老叶变黄，叶变细。

三、基于植物对基质的要求的组合盆栽的设计

植物对盆栽基质的基本要求是要具备良好的透气、保水和排水性能。即使是肥沃的菜园土或花园土，也不宜直接用来作为组合盆栽的基质。必须要混进如珍珠岩、蛭石、树皮、粗砂、泥炭藓等粗结构的颗粒。这些粗结构的颗粒可以形成可供通气的大孔隙，同时又可以保留一些小孔隙来贮存水分。

根据植物对基质的要求，将相似植物组合起来混栽到同一容器中，除了普通土壤，一定要混合足量的粗结构颗粒，如果粗结构颗粒太少，反而会使土壤结构变得更差。将大量小颗粒填充到为数不多的粗颗粒之中，会使土壤更加紧实，一般粗结构颗粒与土壤的配比是 10 ∶ 3。在配制基质时，应选择未施过除草剂的肥沃的壤质表土，与粗结构颗粒混合。表土最好经过杀菌处理，蒸气消毒、高温密封处理、烈日暴晒等均是简便有效的方法。在条件允许的情况下，还应加入一些腐熟的堆肥或厩肥，以改善基质结构和营养状况。

从盆栽基质的添加物的化学成分来看，不外乎有机成分与无机成分。

有机成分可以是泥炭、树皮、锯屑、刨花等，无机成分可以是蛭石、珍珠岩、浮石、粗砂等。蛭石和珍珠岩具有保持水分、促进透气等功能，还能减轻整个基质的重量，蛭石是将水分保持在其疏松的空气间隙，而珍珠岩是将水分吸附在其周围。

在盆栽基质中如能加入适量的保水剂，效果更好。保水剂是一种高分子聚合体，能够吸收其本身重量 400 倍的水分，且对环境和植物无毒害作用。根据植物生长对 pH 值的不同要求，可通过加入石灰石来调整基质的 pH 值。如果是无土基质，还应加入少量的湿润剂，以避免干透后再浇水的困难。在基质中加入缓效肥，将有助于组合盆栽的养护与管理。随着时间的推移，盆栽基质会变得紧实，并有大量的根系存在，所以，最好每年都要换用新的基质。

第四节　对温度的要求

一、温度的"三基点"

在植物的生长发育过程中，温度是一项重要的环境影响因素，因为温度对植物体内的所有生理变化产生着影响。不同植物的生长发育对温度提出了不同的要求，但都具备温度的"三基点"，即最低温、最高温、最适温。其中，最低温指的是开始生长发育的最低温度；最高温指的是植物正常生长过程中可以忍受的最高温度；最适温指的是植物生长发育最适合的温度，在这个温度下，植物不仅生长速度快，还能生长得越来越健壮。

对于处于不同发育阶段的、不同品种的植物，以及相同品种植物的不同器官来说，温度的"三基点"存在着一定的差异。首先，不同品种的植物原产地气候类型有所不同，故而温度的"三基点"也有所不同。对于原产地是热带的植物来说，其生长的基点温度普遍较高，通常当温度达到

18℃时才开始生长发育；对于原产地是温带的植物来说，生长的基点温度往往比较低，通常当温度达到10℃时就能开始生长发育；对于前两者之间的原产地是亚热带的植物来说，通常在温度达到15℃左右时便开始生长。例如，当周围温度处于零下10℃时，原产于温带气候的芍药的地下部分并不会冻死，第二年春天只要温度达到10℃就可以萌动出土。又如，王莲的原产地属于热带，它的种子需要处于不高于35℃的水温才可以正常发芽生长。

其次，同一品种植物的不同器官对温度的要求也存在差异。例如，早春的温度相对较低，对于春季开花的连翘、桃、梅等植物，当它们的营养器官还没有生长时，繁殖器官已经开花。又如，对于球根植物郁金香来说，它的花芽形成的最适宜的温度是20℃，但是它的茎生长的最适宜温度则是13℃。

另外，在不同发育阶段，植物的同一器官对温度的要求也有所不同。例如，在水仙花的生长初期，它的梗最适宜的温度是30℃，当鳞茎刚开始露头时最适宜的温度是11℃，当鳞茎向外长出2～3厘米时的最适宜温度则降至9℃。

二、昼夜温差

昼夜温差作为直接影响花卉生长的温度条件，表现了一定周期内温度的变化规律。对于盆栽植物来说，昼夜温差是影响植物生长的一个重要条件，昼夜温差大有助于促进植物的快速生长。白天温度应当尽可能控制在植物光合作用的最适合的温度范围内，夜间温度应该尽可能控制在植物呼吸作用较弱的温度限度内。但是昼夜温差也应该控制在一定范围内，并非昼夜温差越大越好。下面列举一些植物白天、夜间生长的最适合的温度范围，详见表7-1。

表 7-1　部分植物白天、夜间的最适温度范围

植物名称	白天最适温（℃）	夜间最适温（℃）
金鱼草	14～16	7～9
月季	21～24	13.5～16
香豌豆	17～19	9～12
矮牵牛	27～28	15～17
翠菊	20～23	14～17
百日草	25～27	16～20
彩叶草	23～24	16～18

植物对昼夜最适温的要求，是它们在生活中适应温度周期性变化的结果。植物处于这种周期性的变温环境中，会十分迅速地生长发育。原产地的气候类型不一样的植物，昼夜温差也有所差异。通常情况下，热带植物的昼夜温差为 3～6℃；温带植物的昼夜温差为 5～7℃；原产地是沙漠地区的植物昼夜温差为 10℃ 以上。

三、地温

在植物栽培过程中，地温与气温占据着同等重要的地位。在植物幼苗成长、种子发芽、根系发育等环节中，地温起着十分重要的作用。对于不同品种的植物来说，它们的种子发芽所需要的最适宜的地温也有所差异。对于部分不耐寒的植物来说，它们的种子发芽时需要比较高的温度，最适合的地温是 20～30℃；对于具有较强耐寒性的宿根植物、露地二年生植物来说，它们种子发芽的最适合地温为 15～20℃。

品种不一样的植物根系生长的适宜温度有所不同，如在早春对一串

红进行扦插的过程中，地温应该保持在大约 20℃ 为宜，这样只需要 10 天左右就可以顺利生根；大岩桐在应用扦插法进行繁殖的过程中，地温应该保持在 25℃ 左右，这样只需要大约 15 天就能生根，叶插大约 20 天就能生根。另外，地温对植物根系的吸收以及土壤营养物质的转化产生着重要影响，只有保证土壤温度适中，才能促使植物根系充分地吸收土壤中的水分。以月季的发育为例，只有保证地温处于 16 ～ 20℃ 的范围内，才可以正常生长，温度过高或过低会出现休眠状态。

地面表层是地温昼夜温差最大之处，随着土壤深度的逐渐增加，昼夜温差逐渐缩小。土壤深度在 20 厘米左右时，地温温差会显著降低，深度达到 1 米时温差便会消失。因此，在组合盆栽的设计和制作中，要在冬季对宿根植物、木本植物采取根部培土的措施，从而更好地帮助植物安全越冬。

四、温度与花芽分化

在植物的花芽分化与发育过程中，温度这项因素发挥着十分显著的作用，只有保证植物处于适宜的温度范围，才能确保花芽的正常分化与发育。[①] 对于不同品种的植物来说，花芽分化和发育对适温的要求也有所不同。

（一）高温下进行花芽分化的植物

很多花木类植物的开花时间在 6 ～ 8 月的高温天气，如山茶、连翘、杜鹃、榆叶梅、紫藤等，这类植物只有在气温超过 25℃ 时才会进行花芽分化。随着秋季气温的逐渐降低，这类植物会进入休眠期。很多球根植物的花芽分化的时间在夏季生长期，具有代表性的植物有美人蕉、晚香玉、

---

① 余成华，陈丹，杨秋雄，等 . 植物开花过程对温度变化的响应研究进展 [J]. 湖南农业科学，2022（4）：96-100.

唐菖蒲等春植球根。还有很多秋植球根的植物的花芽分化时间处于春季休眠期，具有代表性的植物有风信子、水仙、郁金香等。

（二）低温下进行花芽分化的植物

许多原产于温带中北部和高山，如卡特兰属和石斛属的花卉以及八仙花等植物，它们的花芽分化的时间主要以低于20℃的凉爽天气为主。很多秋播花草的花芽分化也在低温下进行，主要有金盏菊、雏菊等。

五、植物的耐寒力

不同气候带的植被类型有所不同，所种植的植物也存在差异。因为不同气候带之间存在着较大的气温差，所以植物的耐寒力也是不同的。根据植物耐寒力的不同，一般可以将植物分为以下三大类：

（一）耐寒性植物

这类植物具有较强的抗寒力，原产于温带、寒带地区，多为二年生植物及宿根植物，在我国寒冷的北方地区也能露地越冬。通常情况下，耐寒性植物可以忍受不低于0℃的温度，部分品种的耐寒性植物可以忍受零下十度的低温。在冬季，大部分宿根植物的地上部分会干枯，但是地下部分可以留存下来，待第二年春天又会再次萌发新芽，生长开花，如荷兰菊、蜀葵、玉簪、金光菊等。

（二）半耐寒性植物

这类植物的耐寒力处于中等水平，原产于温带比较温暖的地方，在我国北方地区越冬需要采取有效的保护措施。以北京地区的桂丁香、紫罗兰、金盏菊、雏菊等花卉为例，这类植物通常在秋季于露地播种育苗，在早霜来临之前需要将其移至冷床中以顺利越冬，待第二年春天晚霜过后再移至露地。

（三）不耐寒植物

这类植物无法在温度低于 0℃ 的环境中持续生长，多为原产于热带及亚热带的一年生、多年生植物，在生长期间要求高温，温度低于 0℃ 将会停止生长或死亡。在我国北方无法露地越冬，只能在温室内进行栽培。根据原产地的不同，可以将温室花卉分为以下三大类：

1. 低温温室花卉

这类温室花卉大多数原产于中国中部、地中海、大洋洲及日本等温带南部，要求温度为 5 ~ 8℃ 才能顺利越冬。中国华北地区可以将低温温室花卉移至冷床或冷室越冬；低温温室花卉在中国长江以南地区可以露地越冬。这类花卉的代表性花卉主要包括麦冬、杜鹃、一叶兰、万年青、茶花、紫罗兰等。

2. 中温温室花卉

这类温室花卉大多数的原产地位于亚热带地区，温度在 8 ~ 15℃ 才能顺利越冬，在中国华南地区可以直接露地越冬。这类花卉的主要代表性植物包括天竺葵、香石竹、仙客来等。

3. 高温温室花卉

这类花卉大部分原产于热带地区，温度不低于 15℃ 才能顺利越冬，主要的代表性植物包括一品红、扶桑、王莲、叶变木、凤梨等。在中国云南南部、广东南部等地区，这类花卉可以直接露地栽培越冬。

六、基于植物对温度的要求的组合盆栽设计

只有将对温度要求相似的植物搭配在一起，才能保证所有盆栽植物都能正常地生长发育。因此，基于植物生长对温度的要求，要坚持相似性

原则，将多种植物混栽到一起，如具有观赏性的热带植物主要包括鸭脚木、落地生根、玉树、绿萝、热带兰、喜林芋、蒲葵、花叶万年青等，有些植物能够开出艳丽的花朵，有些植物的叶片上有迷人的图案或斑纹，可以根据热带植物的颜色对植物进行搭配。通常来说，热带植物的花朵或叶片都比较大，将它们混栽到组合盆栽并摆放到客厅、门前等地，不仅高端大气，养护起来也比较简单，只要冬季采取有效的保温措施，基本就能确保热带植物顺利越冬。

以仙人掌科植物为例，这类植物生长的适宜温度为 20 ～ 30℃，在生长周期内，需要有很明显的昼夜温差，因此，以仙人掌科植物为主体植物的组合盆栽，最好放在室外，或者是开窗养殖，这样才能长势旺盛，顺利开出花朵。

第八章　商业用途的组合盆栽创新设计

第一节　店铺

近些年来，随着生活水平的日益提升，人们对生存环境的要求越来越高，除了居住环境、工作环境、就餐环境，还有购物环境等。店铺组合盆栽的设计正是基于人们对购物环境的依存以及对休闲生活的追求应运而生的。对店铺商家来说，打造恰到好处的组合盆栽，一方面能增加销售业绩，另一方面还能使消费者对店铺的形象和定位有一个更明确的认识；对消费者来说，不仅能购物，还能享受优美的景观，获得更多购物的乐趣。因此，不言而喻，店铺组合盆栽有很好的发展前景。

一、店铺盆栽植物品种的选择

（一）适合摆放到店铺的植物品种

用于店铺装饰的植物种类比较丰富，主要包括四季花草、乔木、灌木、藤本植物等，有些以观花植物为主，如风信子、瓜叶菊、金苞花、美女樱、扶桑、君子兰、栀子花、鹤望兰、杜鹃、红掌、小月季；有些以观叶植物为主，如金钱树、春芋、椒草、虎尾兰、鸭掌木、富贵竹、巴西美人、龙血树、一品红、绿萝、吊竹梅、万年青、八角金盘；有些以观果植物为主，如金橘、枸骨、佛手；有些以观枝干植物为主，如竹类、鸡爪槭。当然，并非所有的植物都适宜放置在室内，要充分了解植物与人的健康之间的关系，放置有益健康的植物，以植物缤纷的姿态打造出有创意、有颜值、有趣的店铺景观。另外，还有一些假植物，做得惟妙惟肖，如桃花树、保鲜树、仿真植物、修剪植物、花艺系列（铁架型花艺、小型花艺、大型花艺）、花盆系列、节庆系列、假山系列等，同样能给人以视觉上的美感。下面介绍几种店铺组合盆栽的人气植物。

1. 富贵竹

富贵竹又名开运竹（图8-1），原产地主要位于非洲和亚洲热带地区，为多年生常绿小乔木观叶植物，通常用于家庭瓶插或盆栽护养。中国有"花开富贵，竹报平安"的祝辞，富贵竹茎叶纤秀，柔美优雅，极富竹韵，故而是目前颇受店铺老板欢迎的喜庆绿色植物。

富贵竹喜阴湿、高温，具有良好的耐涝性、耐肥性、抗寒性，喜半阴的环境，适宜生长于排水良好的砂质土或半泥沙及冲积层黏土中。富贵竹喜温暖的环境，适宜的生长温度为 18 ～ 24℃，一年四季均可生长，低于 13℃ 则植株休眠，停止生长。温度太低时，因根系吸水不足，叶尖和叶缘会出现黄褐色的斑块。越冬最低温度要在 10℃ 以上。富贵竹对光照要求不严，适宜在明亮散射光下生长，光照过强、暴晒会引起叶片变黄、褪绿、生长慢等现象。

图 8-1　富贵竹

2. 红掌

红掌又名花烛（图 8-2），原产于哥斯达黎加、哥伦比亚等热带雨林地区，属多年生常绿草本植物，可常年开花不断，适合用于店铺盆栽种植。性喜温热多湿而又排水良好的半阴的环境，怕干旱和阳光直射，适宜生长昼温、夜温分别为 26 ～ 32℃、21 ～ 32℃。所能忍受的高温不能超过 35℃，可忍受的低温不能低于 14℃。

图 8-2　红掌

3. 栀子花

栀子花花朵呈簇状，约 30 枚瓣，奶油色，中心黄色（图 8-3），花径 12 厘米左右，气味果香。栀子花喜半阴环境，惧怕强烈阳光照射，夏季要注意遮阴，可以放置于散光环境下生长，每天保证照射 2～3 小时光照即可。冬季要求阳光充足，以满足自身养分合成的需要。喜酸性土壤，遇碱性土容易引发黄化病，对生长状况造成不利影响。

由于栀子花原生于南方，所以适合生长在湿度高的环境，除了保证栀子花根部对水分的充分吸收，还需要不断向其枝叶上喷水以保持湿度，向周围不间断喷水也能增加空气湿度，满足栀子花生长所需的水分。

栀子花具有较强的萌生能力，需要定期进行修剪，否则枝条会变得又杂又乱，影响整体的美观性。

图 8-3　栀子花

4. 金钱树

金钱树又名雪铁芋（图 8-4），原产于非洲东部雨量偏少的热带草原气候区，属多年生常绿草本植物，有净化室内空气的作用。作为室内观叶植物，金钱树具有招财进宝、荣华富贵的象征寓意，故而受到店铺老板的青睐。

金钱树性喜暖热略干、半阴及年均温度变化小的环境，最适宜的生长温度为 20 ～ 32℃，生长期浇水应坚持"不干不浇，浇则浇透"的原则；具有一定的耐干旱性，但惧怕严寒，忌强光暴晒；怕土壤黏重和盆土内积水，如果盆土内通透不良，容易造成其块茎腐烂。

金钱树对土壤要求较高，要求土壤疏松肥沃、排水良好、富含有机质、呈酸性至微酸性；具有较强的萌芽力，剪去粗大的羽状复叶后，其块茎顶端会很快抽生出新叶。

图 8-4　金钱树

5. 龙血树

龙血树又名马骡蔗树（图 8-5），原产于佛得角、摩洛哥、葡萄牙、西班牙，属常绿乔木。叶子呈剑形，每片长约 60 厘米，宽约 5 厘米。植株挺拔、素雅、朴实、雄伟，富有热带风情，具有较高的观赏性，适合摆放在店铺门口。

龙血树喜温暖湿润的环境，具有一定的耐阴性，但如果长时间缺乏阳光照射会导致叶子褪色，影响整体的美观性，又因为惧怕强光照射，所以适合养护在散光充足的地方。龙血树喜疏松、肥沃的微酸性土壤，怕涝，所以对土壤的渗水能力要求比较高。

图 8-5　龙血树

（二）不适合摆放到店铺的植物品种

1. 夹竹桃

夹竹桃又名柳叶树（图 8-6），花期长，常作观赏植物。夹竹桃花色艳丽，不仅有青竹潇洒、峻拔的风姿，还有桃花娇烧、热烈的气氛，能够增加鲜活的美感与生机。

夹竹桃在粉尘、毒气弥漫的环境中能健康地生长，而且花蕾照常开放。夹竹桃具有抗烟尘、吸毒气的奇妙功能，特别是对氟化氢、二氧化硫、臭氧、汞、二氧化氮、氯气等多种有害气体表现一定的抗性，所以可以对周围环境的空气起到一定的净化作用。

夹竹桃花具有芳香，但是夹竹桃的花朵所散发出来的气味，人们如果闻之过久容易心率加快，并出现幻觉、晕厥等中枢神经症状，进而出现昏昏欲睡、智力下降等情况。而且，夹竹桃被称为"低水准的迷幻药"，夹竹桃会分泌出一种乳白色液体，接触时间一长，会使人中毒，对人体健康造成一定威胁。夹竹桃作为最毒的植物之一，其茎、叶、花朵包含了多种毒素，有些甚至是致命的。所以，店铺内尽量不要栽种夹竹桃，以防消费者中毒，尤其是儿童。

由此可见，夹竹桃虽然对周围环境有净化的作用，但是不适合种植在室内，加之夹竹桃比较高大，通常不会栽培在室内，但是可以种在庭院中，不仅可以美化环境，还能净化空气，一举两得。

图 8-6　夹竹桃

2. 夜来香

夜来香又名千里香（图 8-7），原产于中国华南地区，属萝藦科植物，花芳香，夜间更盛。夜来香虽然能散发出浓郁的香气，但萝藦科的盆栽植物汁液内大都含有一定的毒素，不适宜长期摆放于室内，而且长期将花香浓郁的盆栽植物摆放在室内会引起神经兴奋，导致失眠、头晕、刺激性咳嗽等一系列问题。因此，在店铺组合盆栽的设计中，并不适合栽种夜来香，避免对店员和消费者的健康造成不利影响。

图 8-7　夜来香

二、基于店铺空间规划的组合盆栽设计

（一）店铺空间构成手法

店铺空间的组织，通常用显露的形式突出中心和主题，用诱导的方式组织人员流动。

1. 空间段落的塑造

要让店铺成为景色宜人、花卉幽香的地方，缓解消费者购物产生的疲劳，可以在动线上的空间形态上寻求变化，营造某个空间段落，求得空间的延伸感，让消费者在购物和休憩的同时感受来自品牌文化的冲击。

2. 引导和暗示

店铺通常人流量大，人员流动性很强，如何给进入店铺的顾客明确行走的路线是空间规划很重要的方面。这可以通过组合盆栽要素的设计来解决，如用装饰气球花环的柱体、灯墙、嵌饰花草的顶棚等来强化交通空间的轮廓或引导人们的注意力，使人们的行为活动有明确的导向。

（二）空间的序列

一般店铺是由多个空间组合而成，主要有货品空间、顾客空间、店员空间等。店铺的货品空间是充分体现品牌设计理念、商品陈列的场所，现代营销理念更强调消费者的心理感受，消费者购物时需要充分自由的空间，自主选择。设计合理、切合主题的组合盆栽，有助于提升货品空间的导向性，而通过将导向性因素添加到店内的销售行为中，更能隐性强化销售力度。

店铺的顾客空间是指顾客参观、选择以及购买商品的地方，根据商品不同，可分为店铺外、店铺内和内外结合等三种形态。店铺的顾客空间是顾客活动、展示店铺风貌的重要区域，在此空间可以因地制宜地设计新颖、奇特、色彩鲜艳、有趣的展示景观来吸引顾客，给顾客留下难忘的第一印象，如在店铺门口处设置以金钱树等为主体植物的组合盆栽（图8-8），起到迎宾的作用；将实用性与景观美结合，可为顾客营造优雅的休息场所。

图 8-8 以金钱树为主体植物的组合盆栽

店铺的店员空间是指店员接待顾客和从事相关工作所需要的场所，是店铺空间的重要组成部分，是设计店铺室内景观的重要场所。工作者日复一日地工作，容易感到劳累、困倦、乏力，对工作产生十分不利的影响，尤其是正值炎炎夏日，高温的天气容易使人昏昏沉沉，影响到工作状态，这时，如果在桌上摆上一株提神醒脑的绿植盆栽，不仅能使工作者赏心悦目，还能使工作者保持神清气爽的状态投入工作中，工作过程中不经意间看一眼绿植盆栽，有助于缓解一天的疲劳。此空间组合盆栽的设计，可以选择薄荷、白兰花、茉莉花、一抹香等植物制作组合盆栽，起到提神醒脑、抗疲劳的作用。

三、基于季节流转的组合盆栽设计

为了更好地迎合季节的变化，店铺的组合盆栽也要依据季节特征进行设计，从季节的典型色彩入手，选择相应的植物，令店铺员工在花红叶绿果香之中工作得更加得心应手，也能吸引顾客进入店铺，并在店铺中放松心情，增强消费体验。下面以化妆品店铺的门口为例，阐述一年四季组合盆栽设计的创意。

（一）春季的创意

粉色是春季独有的花朵色彩，是代表春季的符号。对于这一季节化妆品店门前组合盆栽的设计，可以继续保留上一年冬季组合盆栽种植的针叶林，并将一些粉色郁金香种植在针叶林四周。同时，还可以挑选其他粉色的花卉混栽，如天竺葵、姬金鱼草、再加入几株紫色的风信子，通过粉色和紫色的交相辉映，弹奏出一首属于春季的歌曲。通过营造优美的春季景象，更好地吸引顾客进店消费。

（二）夏季的创意

夏季植物花色比较丰富，为化妆品店铺门口的组合盆栽挑选植物时，可以选择一些正红色、粉红色、紫红色花朵的植物，并将这些植物依次分层种植到组合盆栽中。需要注意的是，要保证所种植植物的花朵是盛开状态且色泽明亮，以更好地吸引店铺门前来往的行人。另外，为了更好地突出夏季植物生机勃勃的景象，还可以在盆栽中添加大量的草本植物作为陪衬，营造繁茂的气氛。

对于店铺门前盆栽植物的保养，大约每半个月需要对盆栽中部分植物进行少量更换，大约以三个月为周期，需要对盆栽中的主体植物进行一次大规模的更换，并根据季节特征和植物习性进行浇水。

（三）秋季的创意

在秋季，化妆品店门前组合盆栽的主体植物可以设定为鼠尾草，辅助植物可以设定为迷迭香、针叶继木、白山吹、蔓马缨丹以及矾根等。红色、黄色等各色各样的小花竞相开放，进而引发过往行人对植物的怜爱之情，并在店铺门前驻足，增加行人进入店铺的可能性，消费的可能性也就自然而然随之增加。

（四）冬季的创意

在冬季，考虑到化妆品店铺门外的温度较低，再加之很多植物不耐寒，所以在设计组合盆栽时，可以将针叶树设定为主体植物，这类植物往往具有较强的耐寒能力，同时还可以选择一些耐寒的草本植物进行栽培。对于树木类植物的选择，可以主要选择松柏等针叶树；对于草本植物的选择，可以主要选择耐寒的球根类植物，如紫百合、水仙、风信子、仙客来。冬季会有元旦、春节等重要节日，在植物色调的设计方面以红色为主色调为宜（图8-9），其余植物颜色的选择尽可能接近于其他季节，从而更好地突出寒冷季节的美感。

图8-9　春节期间的组合盆栽

第二节 婚礼

近些年来，我国经济不断发展，人们的生活水平和消费水平持续攀升，有越来越多的新婚者渴望亲近大自然，同时追求个性化、多元化的婚礼服务，这为组合盆栽在婚礼上的应用提供了新的发展契机。为婚礼设计合适的组合盆栽，既环保又别具一格，令人终生难忘。

一、植物的寓意

古往今来，人们通过赋予植物特殊的含义，在婚礼上表达各种各样的情感。例如，牡丹、桃花被赋予了吉祥如意的含义；月季寓意着纯洁、真挚的爱；百合被赋予了百年好合的含义，它与万年青搭配在一起，象征着"万年好合"；柏枝、石榴被赋予了多子多福的含义；合欢被赋予了婚姻美满、夫妻恩爱的含义；枣树寓意着早生贵子；桂花象征着将来子孙会有一个美好光明的仕途，寓意着荣华富贵；梧桐被赋予了吉祥的含义；莲花又被称为"并蒂"，寓意着夫妻之间的感情和和美美。

二、植物的色彩

色彩不仅会引发人的主观反应，还会对人的行为起到导向作用。它能够让人将视觉感应视为起点，并经历一系列的变化，包括看见、认知、记忆、思考、情感、象征等。植物的色彩是对人类视觉产生巨大冲击的重要因素，所以植物花色在婚礼的盆栽设计中的选择尤为重要。婚礼取景的背景颜色不同，拍摄出来的效果和感觉也截然不同。例如，蔷薇、杜鹃、梅花等植物的花朵颜色纯度和明度都比较高，将这些植物作为组合盆栽的核心花材，更容易营造出浓厚、热烈的喜庆氛围。而梨花、栀子花、合欢等植物的花朵颜色的饱和度相对较低，将这些植物作为组合盆栽的核心花材，更容易营造出怡然、平静的婚礼氛围。

三、植物的形态

从一定程度上来讲，植物的形态对盆栽景观的整体效果有着重要的影响，树形或叶形也不例外。高大笔直、挺拔秀丽树形的植物，能够营造沉寂、庄严的氛围，主要的代表性植物有雪松、水杉等。而郁郁葱葱、树形优美的植物能够营造一种舒适、温暖的氛围，主要的代表性植物有龙爪槐、罗汉松等。除此之外，在婚庆场所经常会应用到一些心形的植物，给人一种温馨、美好的感觉，主要的代表性植物有锦葵、车轴草、苜蓿、圆叶秋海棠、仙客来、藏报春等。总而言之，在盆栽景观的设计中，要加强对植物形态的重视。

四、婚礼组合盆栽设计的原则

（一）市场导向性原则

婚礼市场作为所有婚礼产品的导向，组合盆栽的设计也应该以婚礼市场为主导，以政策为辅助，时时刻刻了解新婚者们的需求动态变化，尽最大的努力使婚庆产品设计符合人们的需求和市场需求。这就意味着我们需要针对不同的市场需求，将当地区域丰富的产业资源、景观资源优势充分利用起来，设计出市场独特性强、吸引力强的婚礼组合盆栽，以此增强婚礼产品的吸引力、观赏性，提高婚庆公司的竞争力。

（二）可持续发展原则

可持续发展强调的是在满足当代人需求的基础上，不对后代人生活造成不利影响。在可持续发展原则的指导下，在婚礼组合盆栽的制作中，要最大限度减少对原料的消耗，减少垃圾的制造，全面提升资源的利用率，以实现可持续发展。

（三）因地制宜原则

因地制宜原则是指婚礼组合盆栽的设计必须要落实到具体区域，要因地制宜地进行全面、充分的考虑，设计符合当地特色的盆栽景观。根据婚礼所在地的地形地貌特征，充分挖掘当地资源，在现有种植、养殖基地的基础上，营造彰显当地特色的婚礼盆栽景观。

（四）生态性原则

婚庆组合盆栽可以在原有的植物种类上增加一些当地的乡土树种，如果条件允许，也能引进和驯化新型品种，使盆栽景观层次更上一个台阶。这样不仅尊重了当地植物的生态习性和当地的自然环境，也尊重了生物的多样性。为了打造具有当地特色的主题婚礼，要尽可能挖掘当地的植物特色，确保不同地方的婚礼主题不会千篇一律。

（五）艺术性原则

艺术性原则指的是巧妙利用植物的色彩，营造特定的婚庆氛围，这是婚礼上常用的一种手段。例如，中式传统的婚庆习俗里将红色、黄色、金色等艳丽的色彩视为象征喜庆的颜色；而西式的婚庆习俗通常将白色、蓝色、粉色看成婚礼的吉祥色，象征着新人之间的爱情能够天长地久。

五、基于婚礼风格的组合盆栽的设计

根据风格的不同，可以将组合盆栽分为中式婚礼组合盆栽和西式婚礼组合盆栽。根据婚礼场地的特点，通过组合盆栽植物景象的有效设计，结合植物所蕴含的文化性、象征性，能够烘托婚礼的喜庆氛围。

（一）中式婚礼

中式婚礼盆栽景观的设计侧重于意境的营造，中国传统婚礼文化是盆栽植物配置的主要依据和重要基础。通常来说，中式婚礼盆栽景观着重打造古色古香的韵味。在中式婚礼组合盆栽的植物选择中，可以将合欢树作为主体植物，预示着新人百年好合，将造型树作为盆栽景观的辅助植物，如竹、松、柏、雀梅、榆树等，营造唯美的古声古色的婚礼氛围。松树和凌霄象征着长久的爱情，在组合盆栽中，搭配恰当的景石，可以提升盆栽的趣味性、生动性。另外，可以选择一些果树进行栽种，如柿树、樱桃、山桃、金橘、杨梅、枇杷、柚子、石榴树等，寓意甜甜蜜蜜的爱情；或者选择细水长流的溪涧景观，两岸搭配几株挺拔的乔木以及山石，最后加入常春藤、葛藤等藤本植物，使之与乔木交织在一起，由此体现出永恒的爱情幸福缠绵的深意。

（二）西式婚礼

西式婚礼的组合盆栽设计，应该着手于西方造园特点，采取开朗飘逸的艺术处理手法。西式婚礼的场地以开敞空间为主，所以在盆栽植物的选择上以草本花卉为主，营造浪漫温馨的花海氛围。西式婚庆盆栽的植物通常会选择薰衣草、玫瑰、郁金香等花卉作为主体植物，并选择其他草本花卉作为辅助植物，比较常见的有大丽花、百合、玉簪、紫罗兰、金盏菊、飞燕草等。将多种植物混栽在一个容器中，充分利用时令花卉、玫瑰、水稻等植物的群体美，打造绚烂夺目、精致唯美的四季花海。

六、基于不同婚礼区域的组合盆栽设计

通常来说，婚礼现场会分为多个不同功能的区域，主要包括婚礼仪式区、婚礼迎宾区、婚礼用餐区等。在婚礼筹备阶段，通过为不同功能的区域设计恰到好处的组合盆栽，营造唯美浪漫的婚礼现场，可以将婚宴提升到更高的层次。

（一）婚礼迎宾区组合盆栽的设计

顾名思义，婚礼迎宾区是婚礼上迎接各位来宾的区域，这一区域必不可少。对于参加婚礼的广大宾客来说，迎宾区是他们初次感受婚礼氛围的场所，所以，迎宾区的布置尤为重要。在婚礼迎宾区，组合盆栽的主要设计对象是签到台，为了给来自全国各地的不同宾客留下良好的第一印象，迎宾区的组合盆栽要布置得富有特色。婚礼迎宾区组合盆栽容器的设计，一定要别出心裁，可以选用玻璃、藤艺，盆形、球形、柱状等材质和形状的容器，根据婚礼场地的实际条件和主题风格，选择野趣十足的花艺盆栽，点缀婚礼的迎宾区，从而达到不同的视觉效果。

（二）婚礼仪式区组合盆栽的设计

婚礼仪式区的主要作用是完成各项婚礼流程，婚礼仪式区的场地主要包括户外草坪、庭院以及婚宴现场主舞台，是婚礼现场布置的重中之重。在可以沐浴阳光的户外场所，组合盆栽整体色彩应该尽可能以粉嫩等温暖颜色为主，营造活泼、跳跃的氛围。而在室内的婚宴主舞台，组合盆栽整体色彩应该尽可能以冷色调或色调对比鲜明的颜色为主，使植物与灯光完美结合到一起，一方面烘托出高雅的气质，另一方面具有较强的视觉吸引力。如果婚礼主花为玫瑰，组合盆栽就可以多准备些色彩缤纷的玫瑰花作为花材，将它们摆放在花道、仪式台等处（图 8-10），浪漫指数立刻飙升。

（三）婚礼用餐区组合盆栽的设计

婚礼用餐区是宾客们直接接触到的区域。除了整体环境和婚礼舞台外，婚礼用餐区的布置也是非常重要的，婚礼用餐区的布置不仅能增加婚宴的美感，个性精致的布置还有提升婚宴格调的作用，因此，婚礼现场的

图 8-10　婚礼仪式区组合盆栽

布置不能忽视婚礼用餐区。为婚礼用餐区设计精美的组合盆栽，不仅具有一定的装饰效果，也是婚礼的另一道风景线，起着锦上添花的作用。而且，相比于插花，盆栽植物要更加优惠环保，可以鼓励宾客带回家，留作纪念。婚礼中的每张桌子上布置小型盆栽，写好桌牌数，就可以作为桌卡，有助于来往宾客快速辨别桌号。盆栽数量根据桌子的陈列来准备，想要节省桌面空间可以只布置一盆，想要桌面更加丰富，可以选择多摆放几盆，只要体积适中即可。例如，可以摆放蕨类植物，精致的蕨类植物与烛光相结合，营造出一个郁郁葱葱的舒适就餐环境，让宾客们食欲大增；通过摆放多肉植物，让多肉植物和烛光相结合，营造浪漫温馨的氛围，增强宾客的就餐体验。

第三节　商场

一、组合盆栽在商场中的应用

（一）商场环境的特点

通常情况下，商场在白天的温度约为 25℃，比较适合植物的生长。商场的通风条件和光照条件较差，灯光是光照的主要来源。通常情况下，商场内不具备专门摆放盆栽的位置，但其开阔的空间环境也为组合盆栽的设计与摆放提供了一定的有利条件。

（三）组合盆栽在商场中的摆放位置

一般而言，商场内的盆栽需要摆放在不影响顾客流动、购物的位置。常见的摆放地点有商场门外、直廊、电梯、厕所以及各个边角位置等。组合盆栽的摆放地点也要结合植物的生长特性来决定，如喜光的组合盆栽应该放到光照条件较好或灯光较强的地方；喜阴、喜潮湿的组合盆栽应该放在边角位置或厕所。

（三）商场内适合摆放的植物

由于商场内的光照条件不足，所以摆放的植物以阴生植物为主，植物类型有观花、观果、观叶、多肉、仙人掌等植物类型，详见表 8-1。

表 8-1　商场内常摆放的植物

植物类型	代表植物
观花植物	芍药、百合、月季、牡丹、兰花、茶花、菊花等
观果植物	冬珊瑚、枸杞、佛手、金橘等
观叶植物	凤尾竹、吊兰、香龙血树、散尾葵、一品红、发财树、绿萝、红背桂花、苏铁等
仙人掌植物	量天尺、雪光、长盛球、黄毛掌等
多肉植物	虎尾兰、长寿花、宝石花等

二、商场组合盆栽的特点

（一）品种多样

组合盆栽在商场中展示应用的种类十分广泛，主要包含观花、观果、观叶等组合盆栽类型。

1. 观花类组合盆栽

这类盆栽绽放着娇艳的花朵，散发着淡雅的香气，能够在无形中给消费者带来一种兴奋感，引导着消费者关注店铺内的商品。

2. 观果类组合盆栽

这类盆栽常以艳丽的色彩、饱满的果实、新奇的外形吸引消费者的眼球，能够激发消费者对盆栽以及商品的好奇心。

3. 观叶类组合盆栽

这类盆栽在商场中比较常见，它主要以美观的叶形和常绿的特点夺得人们的视线。与其他类别的组合盆栽不同的是，观叶类组合盆栽与商品间的联系不强，它的主要作用在于改善商场环境。

（二）应用位置广泛

组合盆栽在商场中的摆放位置不固定，它可以出现在商场的建筑外立面、入口、电梯口、货架、大厅过道、休息区等地。它的出现不仅能够柔化建筑物生硬的线条，美化购物环境，还能引导消费者关注店铺内的商品，间接刺激消费。例如，在商品的展示橱窗旁摆放组合盆栽，可以衬托出商品的独特魅力，引导消费者产生购买欲望；在货架上摆放一盆组合盆栽，可以自然地划分出两个空间，既能使商品看上去更加整齐、有序，还能在不经意间减轻消费者的购物疲劳。

三、影响商场组合盆栽植物选择的因素

影响商场组合盆栽植物选择的因素主要有四个，第一，城市文化是影响商场组合盆栽植物选择的重要因素。例如，榕树作为福州市树，在福州大中小型商场中的应用十分广泛，而且，榕树作为室内装饰植物具有较高的观赏价值，如琴叶榕就是观赏性较高的观叶植物，它叶大美观，作为装饰植物不仅大气还很有格调。第二，植物名称是最直观的因素。大多数商场组合盆栽的植物的名字都蕴含着美好的祝愿，如金钱树、发财树、幸福树，人们将财运和幸福的期待寄托到了植物身上。第三，植物的观赏价值是影响商场组合盆栽植物选择的一个核心因素。一般情况下，很多室内空间狭小的商场，再加之光照不足，往往会选择耐阴的灌木、稀乔木、半灌木或草本植物，观树形、观叶、观花植物是商场组合盆栽主要的植物类型。花只观一时，叶却常青，商场作为人口流动量较大的场所，相比观花植物，观叶、观树形植物确实更具优势。第四，栽培难易程度是影响商场盆栽植物选择的间接因素。商业活动是商场的重中之重，室内组合盆栽作为重要的装饰物，通常不应该耗费较多财力和人力，所以像绿萝这样栽培

难度低、价格便宜，而且观赏价值又比较高的植物在商场组合盆栽的应用就更为广泛。

四、用组合盆栽打造绿化景观的布置方式

（一）连续绿化布置

连续绿化布置，指的是人们在整个商场购物的过程中，每到一处都可以体会到绿色景观的延续，而不是感觉到景观的明显变化或缺失。组合盆栽景观根据商场内部的交通空间形态，充分利用交通空间各界面的形态特点，使点、线、面的空间交替，打造连续性、有节奏的步行环境。在商场的不同位置，需要采取不同的绿化方式，一般根据平台、座椅等设施的设置，给人们带来极具个性化、富有趣味性的视觉体验。这样的盆栽景观通常位于交通空间的边缘和转角处，或是相对开敞的空间中线，以组合盆栽的方法点缀绿化，作为人们在商场购物过程中的一种景观体验。这种体验感受在人的意识中通常具有连续性，并能给顾客留下深刻的印象，伴随着顾客的消费的全过程，发挥着娱乐视觉的作用。

（二）群落绿化布置

群落绿化布置，指的是通过组合盆栽的搭配，构成具有完整性的室内植物群落，这并非利用简单的盆栽随意打造景观，而是用盆栽营造出符合自然界环境状态的体验感受。在商场环境景观中，群落绿色景观通常处于显眼位置，在步行环境中起着重要的导向标识作用，还可以对空间起到限定作用，所以不仅能吸引顾客视线、使顾客停留，还能为顾客之间的交往提供重要场所。

通常情况下，群落绿化布置在商场的公共空间，如有采光顶的中庭空间，并根据休息、娱乐设施进行设计，使之成为商场公共空间引人注目的事物。根据植物属性的不同，可以将群落绿化分为大、小两种类型。大

型群落主要由高大的乔灌木等植物形成景观序列；小型群落通常由低矮的植物组成，营造拟自然的生态环境。利用组合盆栽打造群落绿化，能够为顾客带来集中性的视觉体验，从而呈现出鲜明的个性和特点，群落绿化再与其他景观要素和交通要素相结合，给顾客带来强烈的视觉冲击效果，使顾客获得丰富的体验。例如，自动扶梯旁设置很多组合盆栽植物，营造了茂密的植物丛林景观，再加之叠水的声音不绝于耳，人们在乘坐扶梯的过程中能够在不同高度体验生命的气息，群落绿化与之在镜面中的光影相映成趣，给人们带来印象深刻的视觉体验。

（三）立体绿化布置

立体绿化布置，指的是绿色景观要素在三向度空间的呼应，灵活运用多样化的手段，通过盆栽等方式打造贯通多层的绿化景观，这通常设计在上下贯通的商场中庭空间。与此同时，选择悬垂式的自然植物，并混栽到一起，所营造的绿色景观通过与交通系统立体化的空间形态相结合，设置在不同标高的步行环境的外沿，使绿化自上而下延续，给顾客带来良好的视觉感受。因此，利用组合盆栽打造绿化景观，需要与商场的交通空间的层次性紧密联系起来，丰富的空间层次是形成商场立体绿化景观的重要前提。

五、商场组合盆栽的创新设计

（一）创新设计原则

1. 注重协调性

商场组合盆栽的主要作用在于衬托商品，辅助商品的展示与售卖，所以，商场组合盆栽的设计风格要与店铺的装修风格、商品的风格相协调。在设计过程中，需要注意组合盆栽与商品之间的联系性与协调性，既不能喧宾夺主，又不能毫无光彩。

实现协调性的关键在于结合店铺的面积来决定组合盆栽的展示空间布置与展示形式，如果是较大的空间可以选择大型的盆栽来减少空旷感；如果是较小的空间可以用小一些的盆栽来装饰，不仅能节省空间，还能展现出一种精致灵巧的美感。此外，组合盆栽的色彩选择应该充分结合店铺的整体环境以及商品的风格，同时考虑灯光等因素的影响。

2. 注重氛围的营造

商场组合盆栽应该营造出一个能够得到人们认可且具备舒适感的购物氛围、购物环境。而在这个过程中，人们的心理情感因素就变得尤为重要。正如当人们看到起伏的波涛或象征大海的蔚蓝色时，就会产生心胸开阔的感觉，如果将这种方法应用在商场组合盆栽的设计中，也能产生类似的效果。如直线造型的组合盆栽能够给人带来严肃向上的感觉；圆润造型的组合盆栽能够给人带来活泼、圆满的感觉。此外，商场组合盆栽也可通过结合节日特点来组合植物，营造出良好的节日氛围、购物氛围。

（二）商场组合盆栽景观设计的要点

成功的组合盆栽景观设计不仅具有独特的人文价值，还可以提升空间环境的人性化程度。特别是对体验经济时代下的商业空间，组合盆栽景观设计的重要性日益凸显，它不仅立足于商业空间的形态，全面提升了现代商业空间的唯一性、独特性，还能对整个商业的战略定位以及后期发展方面提供一定的帮助。另外，组合盆栽景观设计在商场建筑人文环境的营造以及文化特质的凸显方面也起着非常重要的作用。因此，在商场公共空间的设计过程中，要以全局性景观思维为引导，进一步确定设计定位及具体景观手段的运用：

1. 组合盆栽景观设计的主题定位

在组合盆栽景观的设计过程中，设计师在对景观设计进行定位时，必须要充分认识和深入理解商业空间项目本身的经营理念，根据商业不同的区域所具备的特征，进一步明确与之相适应的景观设计方向，并结合设计方向寻找相应的组合盆栽景观设计语言。

2. 组合盆栽景观设计的功能确定

在组合盆栽景观设计的功能确定上，需要从整体出发，将盆栽景观置于商场整体当中，甚至是将盆栽景观和商场共同放到更大的区域范围当中，对盆栽景观功能设定的合理性进行反复的验证与核实。由此一来，就能从本质上避免闭门造车的情况，从而提升盆栽景观素材的连贯性以及景观设计手法的有效性。

3. 商场文化特质的体现

在商场的人文环境和文化特质建设方面，组合盆栽景观设计发挥着不可替代的作用。盆栽景观的设计应该是站在全局性的高度，充分认识商场所要表达的精神，在此基础上，充分研究商场所处的整个区域文化环境和文化特征，最后再确定组合盆栽景观设计所体现的文化特质。在此过程中，所研究的区域越大，就越能体现出盆栽景观设计方案的唯一性，越能体现更有价值的文化特征，这也是改变组合盆栽景观设计成果千篇一律现象的有效方法。

（三）创新设计方法

1. 商场外部组合盆栽的创新设计

商场外部空间环境的主要作用在于对外展示，给人们留下直观的印象。所以，此处组合盆栽的设计要与商场的独特风格相契合。

商场外部组合盆栽的创新设计可以从应用形式、色彩方面入手。从形式上，可采用垂直绿化、大型花坛、花台等形式；从色彩上，采用红色、橙色等颜色鲜艳的花卉植物来进行搭配，吸引人们的眼球。

2. 商场内部组合盆栽的创新设计

商场内部空间的入口和橱窗以吸引顾客、体现品牌产品特点为主要目的，所以，在为这些地方设计组合盆栽时，需要充分结合品牌特点。组合盆栽的植物选择可以观叶、观花植物为主，优先选择那些香气、象征意义与品牌文化相符的植物。

在保证主色调与品牌产品主题一致的基础上，可对组合盆栽的颜色进行创新设计，如选择近似色、同色系的植物进行组合搭配，这样一来，不仅能保证组合盆栽与装饰环境之间的协调性，又能彰显出组合盆栽的独特之处。

除此之外，商场组合盆栽的创新设计也可以结合季节的变化来进行。例如，在冬季，可以在电梯旁种上一些桦树，如小型桦树，并在平时注意室温，勤浇水，那么等到春季来临的时候，就会长出新芽；而到了夏季，可在商场内的闲置空间摆放大型的木质容器，并在容器中种入棕榈，为了防止尘土飞扬，还可在盆土表面覆盖一层树皮碎块。这样的盆栽不仅美观，还能为商场营造出不同季节的环境氛围。

（四）大型商场室内植物应用的建议

1. 商场管理人员要重视组合盆栽植物的投资与应用

商场组合盆栽植物的合理选择和放置，对顾客购物乐趣的提升具有重要影响，还有助于愉悦顾客的身心，也能从一定程度上提高商场的档次。从细节入手，做好组合盆栽植物的设计，能够营造更加舒适的购物环境，以吸引更多的顾客愉快地购物。因此，商场管理人员要注重组合盆栽植物的投资与应用，通过植物营造景观以提升对顾客的吸引度，最终提高商场的利润。

2. 改善栽培方式

水培花卉是最近几年兴起的室内植物应用方式，它彻底摒弃了土壤的限制，使花卉从污泥浊水中解放出来，克服了传统盆栽植物的不足，不仅减少了病虫害，还具有清洁、无污染的优点。整株的水培花卉很好地避免了土培花卉在栽培过程中出现异味、灰尘等问题，让周围环境变得更加干净整洁，而且具有较强的观赏性，管理起来非常简单。水培花卉不仅能在商场空间中进行使用，也能应用于卫生条件要求严格的医院空间当中。

3. 在植物品种上推陈出新

当前阶段，应用于商场中的盆栽植物品种越来越多，但是发掘空间依旧很大，这主要是因为很多具有观赏性的植物无法适应商场环境。相关学者和研究人员也可以着手研究培育出更多具有较高观赏价值、存活率高的新型室内植物品种，并推动其广泛应用于各种各样的商场中。与此同时，需要注意的是，要尽量避开一些不适合室内种植的观赏植物，有些植物虽然看起来十分美观，但不宜摆放在室内。因此，在选择商场室内组合盆栽植物种类的过程中，不仅要推陈出新，更要充分考虑植物的功能性及其对人类生命健康造成的影响。

参考文献

[1] 王代容，徐晔春 . 组合盆栽 [M]. 广州：广东经济出版社，2007：11.

[2] 吴方林，何小唐，易建春 . 组合盆栽 [M]. 北京：中国农业出版社，2003：1.

[3] 唐秋子 . 组合盆栽 [M]. 贵阳：贵州科技出版社，2007：12.

[4] 陈璋，苏海松，夏风华，周有福 . 组合盆栽制作与养护 [M]. 福州：福建科学技术出版社，2003：7.

[5] 史金城 . 组合盆栽技艺 [M]. 广州：广东科技出版社，2002：1.

[6] 张兴 . 现代艺术组合盆栽 [M]. 哈尔滨：黑龙江科学技术出版社，2003：12.

[7] 沈瑞琳 . 居家创意盆栽组合 [M]. 长春：吉林科学技术出版社，2008：3.

[8] 黄菊秋，傅丽梅，韦玲 . 不同基质处理对 5 种盆栽草花生长的影响 [J]. 种子科技，2022，40（9）：4-6.

[9] 佘琳芳，李红 . 组合盆栽的设计制作和养护管理 [J]. 现代园艺，2022，45（5）：184-186.

[10] 邢小英 . 北方盆栽花卉的养护管理措施分析 [J]. 南方农业，2021，15（8）：85-86.

[11] 张立慧，杨松 . 探析组合盆栽 [J]. 现代园艺，2020，43（3）：130-131.

[12] 王明华 . 盆栽花卉栽培技术 [J]. 现代农业科技，2020（17）：117，123.

[13] 谷丽萍 . 家庭组合盆栽制作工艺 [J]. 现代农业科技，2020（6）：131，134.

[14] 林柯园. 初冬盆栽花卉管理 [J]. 林业与生态，2019（12）：33.

[15] 祁玉玲. 浅析组合盆栽的创作路径 [J]. 现代园艺，2019，42（17）：167–168.

[16] 曾闻. 盆栽花木梅雨季节的管理 [J]. 新农村，2018（4）：22.

[17] 妍然. 装饰艺术之创意组合盆栽 [J]. 中国花卉园艺，2017（24）：48–49.

[18] 赵春春. 室内观赏园艺之组合盆栽养护技巧 [J]. 现代园艺，2017（7）：160–161.

[19] 李江. 观食两用盆栽菜点缀阳台 [J]. 植物医生，2017，30（3）：32–33.

[20] 孟长军，王文娟. 艺情共结筑盆栽——试论组合盆栽中的技巧与立意 [J]. 天津农业科学，2016，22（7）：143–146.

[21] 朱红霞. 把自然带回家——自然时尚的组合盆栽制作 [J]. 园林，2016（4）：76–79.

[22] 刘鉴艳，伍洋，Ruolan Chen，等. 现代艺术盆栽制作技术 [J]. 现代农业科技，2015（17）：200，209.

[23] 霍睿. 组合盆栽在城市园林绿化中的应用分析 [J]. 品牌研究，2015（9）：154.

[24] 张海峰. 组合盆栽的植物选择和养护管理 [J]. 现代园艺，2015（8）：138.

[25] 兑宝峰. 组出来的风采：姿态万千的组合盆栽 [J]. 中国花卉园艺，2015（4）：62.

[26] 杨大庆，张金云. 盆栽花卉施肥技术 [J]. 农技服务，2014（5）：186，188.

[27] 张丽丽. 盆栽花卉室内摆放及养护技术 [J]. 科技视界，2014（8）：283，307.

[28] 李恒立. 盆栽花卉合理施肥的依据及方法 [J]. 现代农业科技，2013（24）：180.

[29] 胡继颖. 室内植物组合盆栽 [J]. 中国花卉园艺，2013（8）：34–35.

[30] 蒋捷，胡继颖，魏佳玉，等. 组合盆栽材料选择之基质装饰篇 [J]. 中国花卉园艺，2013（6）：34–35.

[31] 蒋捷，常广新，韩铁军，等. 组合盆栽材料选择之盆器篇 [J]. 中国花卉园

艺，2013（4）：34-36.

[32] 蒋捷，韩铁军，常广新，等.组合盆栽材料选择之植物篇 [J].中国花卉园艺，2013（2）：29-31.

[33] 张玉梅，张珍，陈锦蓉.组合盆栽的分类与应用 [J].现代农业科技，2012（13）：157-159.

[34] 刘玮.花卉组合盆栽技术探讨 [J].园艺与种苗，2012（6）：65-68，101.

[35] 李富贵.盆栽花卉栽培管理探讨 [J].现代园艺，2012（1）：59-60.

[36] 郭永华.盆栽花卉浇水与施肥技术 [J].现代农村科技，2011（19）：46-47.

[37] 本刊编辑部.盆栽花卉养护管理之摘心篇（一）[J].南方农业（园林花卉版），2011，5（2）：73.

[38] 林明.花卉组合盆栽方法 [J].农村新技术，2010（21）：27-28.

[39] 周奎，贾佼艺，刘亚莉.论组合盆栽 [J].现代农业科技，2010（10）：189-190.

[40] 徐晶.组合盆栽：将盆器创新进行到底 [J].中国花卉园艺，2010（1）：25-27.

[41] 李焰星，边韬，徐立志，等.盆栽花卉施肥技术 [J].现代农村科技，2009（17）：36.

[42] 屈文林，李巧娜，张建国.盆栽花卉浇水的技术探讨 [J].科技信息，2009（13）：711.

[43] 徐晶.组合盆栽在盆器和产品形式上创新 [J].中国花卉园艺，2008（23）：20-21.

[44] 徐卓颖.组合盆栽技术的研究 [J].安徽农业科学，2008（9）：3638-3640.

[45] 冯义龙，先旭东，朱华明.浅谈植物组合盆栽 [J].北方园艺，2008（3）：179-181.

[46] 扈中林.新的盆栽花卉造景方式——组合盆栽 [J].现代农业科技，2007（23）：45-46.

[47] 东方.庭院艺术（三）——盆栽容器 [J].家具与室内装饰，2004（1）：

80-81.

[48] 佚名. 庭院艺术（一）——墙上的盆栽植物 [J]. 家具与室内装饰, 2003(11): 86-87.

[49] 于东明, 高翅. 观果盆栽——居家装饰的最佳选择 [J]. 园林, 2000 （11）: 22-23.

[50] 远风. 增强室内盆栽的装饰效果 [J]. 园林, 1995 （1）: 14-15.

[51] 唐仕平. 住宅建筑的室内阳台景观营造 [J]. 环境工程, 2022, 40 （5）: 337.

[52] 冯作萍. 别墅庭院景观设计研究 [J]. 现代园艺, 2021, 44 （5）: 105-106.

[53] 刘冲. 盆栽花卉办公区内摆放及养护技术 [J]. 现代园艺, 2017 （8）: 31.

[54] 阎珂. 浅谈庭园植物景观设计 [J]. 统计与管理, 2014 （7）: 163-164.

[55] 李佳. 浅析住宅庭园景观设计 [J]. 现代园艺, 2013 （8）: 86.

[56] 徐佳一, 侯彬洁, 张建华. 商业街商铺交流景观创新运用 [J]. 上海商业, 2013 （2）: 40-41.

[57] 佚名. 如何让办公场所花卉 "楚楚动人" [J]. 吉林蔬菜, 2012 （8）: 52.

[58] 宋雁. 浅谈庭园植物景观设计 [J]. 大众文艺, 2011 （22）: 69.

[59] 殷奕斓, 刘育璟. 浅谈别墅庭院景观设计 [J]. 现代园艺, 2011 （5）: 75-76.

[60] 武勤. 浅谈别墅景观设计 [J]. 长沙铁道学院学报（社会科学版）, 2010, 11 （4）: 199-201.

[61] 申丽娟. 浅谈商场景观设计 [J]. 艺术与设计（理论）, 2010, 2 （9）: 89-91.

[62] 苏琳, 赵伟韬, 王娜, 罗赫. 别墅庭园景观的设计原理 [J]. 农业科技与装备, 2010 （6）: 37-39.

[63] 陈晓娟, 陈晓茜. 庭园植物景观设计探讨 [J]. 农业与技术, 2007, 27 （6）: 47-50.

[64] 吴智萤. 别墅室外景观设计艺术策略研究 [J]. 黑河学院学报, 2017, 8 （7）: 193-194.

[65] 王立如.现代花艺在婚礼中的装饰设计应用 [D]. 北京：北京林业大学，2021.

[66] 马丽娜.东西方园林设计在别墅景观设计的综合性应用研究——以张家界碧桂园别墅为例 [D]. 吉首：吉首大学，2021.

[67] 张帆.健康建筑理念下室内植物景观设计策略研究 [D]. 大连：大连理工大学，2021.

[68] 曾妮.庭院植物景观案例研究——以杭州市为例 [D] 杭州：浙江农林大学，2018.

[69] 边晨.植物造景配色在景观设计中的运用与研究 [D]. 天津：天津大学，2018.

[70] 曾甜甜.别墅庭园景观设计研究 [D]. 咸阳：西北农林科技大学，2012.

[71] 郝莉.别墅庭园设计研究——以北京顺义区的独栋别墅庭园与上海世茂佘山园庭园设计为例 [D]. 南京：南京农业大学，2017.